陕西省"十四五"职业教育规划教材 GZZK 2023-1-04
工程软件职场应用实例精析丛书

U0175214

UG 多轴编程与 VERICUT 仿真加工 应用实例

佛新岗　编　著

机 械 工 业 出 版 社

本书共 3 章 8 个实践案例，第 1 章主要介绍了多轴数控机床的概况、对刀、后处理及仿真加工基础内容，引导读者入门；第 2 章通过麻花钻、维纳斯、诱导轮、叶轮 4 个四轴铣削加工实例，详细介绍了 UG NX 12.0 四轴数控加工编程与 VERICUT 8.2.1 仿真加工步骤和要点；第 3 章通过玩偶、大力神杯、航空液压壳体、航空叶轮 4 个五轴铣削加工实例，详细介绍了 UG NX 12.0 五轴铣削加工编程和 VERICUT 8.2.1 加工仿真步骤和要点。联系 QQ296447532 可获取 PPT 课件。

为便于读者学习，用微信扫描前言中的二维码可下载书中实例源文件。

本书适合企业从事多轴加工的技术人员，以及数控技术应用专业、计算机辅助设计与制造专业、模具设计与制造专业、机电一体化专业学生使用。

图书在版编目（CIP）数据

UG多轴编程与VERICUT仿真加工应用实例/佛新岗编著.
—北京：机械工业出版社，2020.7（2025.1重印）
（工程软件职场应用实例精析丛书）

ISBN 978-7-111-65923-5

Ⅰ．①U… Ⅱ．①佛… Ⅲ．①数控机床—加工—计算机辅助设计—应用软件 Ⅳ．①TG659

中国版本图书馆CIP数据核字（2020）第105829号

机械工业出版社（北京市百万庄大街22号　邮政编码100037）
策划编辑：周国萍　　　责任编辑：周国萍　刘本明
责任校对：陈　越　　　封面设计：马精明
责任印制：张　博

北京雁林吉兆印刷有限公司印刷

2025 年 1 月第 1 版第 6 次印刷

184mm × 260mm · 15.25 印张 · 374 千字

标准书号：ISBN 978-7-111-65923-5

定价：59.00元

电话服务　　　　　　　　网络服务

客服电话：010-88361066　　机　工　官　网：www.cmpbook.com
　　　　　010-88379833　　机　工　官　博：weibo.com/cmp1952
　　　　　010-68326294　　金　书　网：www.golden-book.com
封底无防伪标均为盗版　　机工教育服务网：www.cmpedu.com

前　　言

近年来，随着我国国民经济的迅速发展，四轴、五轴联动机床不仅在军工企业得到普及，而且在一些中小型企业也开始配备。针对不同的客户需求，市场上出现了种类繁多的多轴机床，从低端的五轴雕刻机到高档的进口五轴机床，如同雨后春笋般地出现在各类机械加工企业中。作为数控加工的辅助工具，CAM 编程软件也纷纷推出多轴编程模块，以适应多轴加工的需求。为适应社会需求，大量从事数控加工的技术人员希望学习多轴编程及操作技术。本书就是在这种背景下，结合编者长期从事数控加工生产与教学经验编写而成的。

本书以 UG NX 12.0 与 VERICUT 8.2.1 软件为平台，书中 8 个应用实例来自于企业真实产品，具有很强的专业性和实用性。书中的每个实例都包含实例概况、数控加工工艺分析、编制加工程序、仿真加工、实体加工等内容，以便读者进行有针对性的操作，从而掌握完整的生产流程及要点，每个实例后面都配有实例小结，提示和辅助读者加深理解操作要领、使用技巧和注意事项。

为便于读者学习，书中提供了 8 个实例的 UG NX 和 VERICUT 源文件，以及本书配套的课程说明，读者可用微信扫描下面的二维码获取。同时，在正文相应位置配有相关视频讲解（用手机扫描二维码观看）。联系 QQ296447532 可获得 PPT 课件。本书的实例讲解由浅入深，大大降低了学习门槛，易学易懂。读者即使此前没有基础，也可以迅速实现从入门到精通。

本书是陕西省职业教育在线精品课程"数控多轴加工技术"的配套教材，课程链接为 https://coursehome.zhihuishu.com/courseHome/1000069437#teachTeam。

本书适合企业从事多轴加工的技术人员，以及数控技术应用专业、计算机辅助设计与制造专业、模具设计与制造专业、机电一体化专业学生使用。

本书由西安航空职业技术学院佛新岗编著。衷心感谢航空工业西安飞机工业（集团）有限责任公司、西安势加动力科技有限公司等相关企业无私提供的实例和宝贵的应用经验。

由于编著者水平有限，欠妥之处在所难免，欢迎读者提出宝贵意见。

编著者

实例源文件

课程说明

目　　录

前言
第1章　多轴加工技术概述...1
　1.1　常见多轴数控机床种类及特点...1
　1.2　多轴数控机床对刀...6
　1.3　多轴数控机床的后处理定制...10
　1.4　多轴数控机床仿真加工...13
第2章　四轴数控编程与仿真加工经典实例...17
　2.1　实例1：麻花钻的UG NX 12.0数控编程与VERICUT 8.2.1仿真加工.............................17
　　2.1.1　实例概况...17
　　2.1.2　数控加工工艺分析...17
　　2.1.3　编制加工程序...18
　　2.1.4　仿真加工...30
　　2.1.5　实体加工...34
　　2.1.6　实例小结...34
　2.2　实例2：维纳斯的UG NX 12.0数控编程与VERICUT 8.2.1仿真加工.............................35
　　2.2.1　实例概况...35
　　2.2.2　数控加工工艺分析...35
　　2.2.3　编制加工程序...36
　　2.2.4　仿真加工...53
　　2.2.5　实体加工...58
　　2.2.6　实例小结...58
　2.3　实例3：诱导轮的UG NX 12.0数控编程与VERICUT 8.2.1仿真加工.............................59
　　2.3.1　实例概况...59
　　2.3.2　数控加工工艺分析...59
　　2.3.3　编制加工程序...60
　　2.3.4　仿真加工...80
　　2.3.5　实体加工...85
　　2.3.6　实例小结...85
　2.4　实例4：叶轮的UG NX 12.0数控编程与VERICUT 8.2.1仿真加工.................................86
　　2.4.1　实例概况...86
　　2.4.2　数控加工工艺分析...86
　　2.4.3　编制加工程序...87
　　2.4.4　仿真加工...115
　　2.4.5　实体加工...120
　　2.4.6　实例小结...120

第3章　五轴数控编程与仿真加工经典实例 ···121

　3.1　实例1：玩偶的UG NX 12.0数控编程与VERICUT 8.2.1仿真加工 ·······················121

　　3.1.1　实例概况 ··121

　　3.1.2　数控加工工艺分析 ···121

　　3.1.3　编制加工程序 ···122

　　3.1.4　仿真加工 ··149

　　3.1.5　实体加工 ··153

　　3.1.6　实例小结 ··153

　3.2　实例2：大力神杯的UG NX 12.0数控编程与VERICUT 8.2.1仿真加工 ···············154

　　3.2.1　实例概况 ··154

　　3.2.2　数控加工工艺分析 ···154

　　3.2.3　编制加工程序 ···154

　　3.2.4　仿真加工 ··176

　　3.2.5　实体加工 ··180

　　3.2.6　实例小结 ··180

　3.3　实例3：航空液压壳体的UG NX 12.0数控编程与VERICUT 8.2.1仿真加工 ··········181

　　3.3.1　实例概况 ··181

　　3.3.2　数控加工工艺分析 ···181

　　3.3.3　编制加工程序 ···182

　　3.3.4　仿真加工 ··211

　　3.3.5　实体加工 ··215

　　3.3.6　实例小结 ··215

　3.4　实例4：航空叶轮的UG NX 12.0数控编程与VERICUT 8.2.1仿真加工 ···············216

　　3.4.1　实例概况 ··216

　　3.4.2　数控加工工艺分析 ···216

　　3.4.3　编制加工程序 ···217

　　3.4.4　仿真加工 ··231

　　3.4.5　实体加工 ··235

　　3.4.6　实例小结 ··236

参考文献 ···237

第1章 多轴加工技术概述

1.1 常见多轴数控机床种类及特点

随着数控加工技术的不断发展，加工要求也不断地提高。三轴数控机床在满足产品形状复杂度、精度高和加工周期短等要求方面，存在很多不足。而多轴数控机床恰恰可以弥补这些不足，一次装夹可完成多个面的加工，简化了对刀、装夹过程，减少了由此产生的误差，提高了加工效率。

常见多轴数控机床
种类及特点

多轴数控机床有多种结构形式，不同结构形式的机床适用的加工对象也不尽相同，即使同一零件在不同结构形式的机床上加工，其编程要求也有所区别。多轴加工刀具运动轨迹比三轴加工更复杂，发生干涉、碰撞的可能性比三轴加工要大得多。我们熟悉的数控机床有 X、Y、Z 三个直线坐标轴，多轴是指在一台机床上至少具备第四轴。通常所说的多轴数控加工是指四轴以上的数控加工，其中具有代表性的是五轴数控加工。

1. 多轴数控机床的分类

（1）四轴数控机床 四轴数控机床指的是该机床具有三个直线坐标轴和一个旋转坐标轴。根据多轴机床运动轴配置形式的不同，又分为四轴联动加工和四轴定位加工（3+1 轴）。

1）四轴联动加工：指在四轴机床（最常见的机床运动轴配置是 X、Y、Z、A 四轴）上进行四根运动轴同时联合运动的一种加工形式。

2）四轴定位加工：也称为 3+1 轴加工。它是指在四轴机床上实现三根直线轴联动加工，而旋转轴间歇运动的一种加工形式。

四轴数控机床一般有立式、卧式两种，如图 1-1 和图 1-2 所示。

图 1-1 四轴（A 轴）立式加工中心

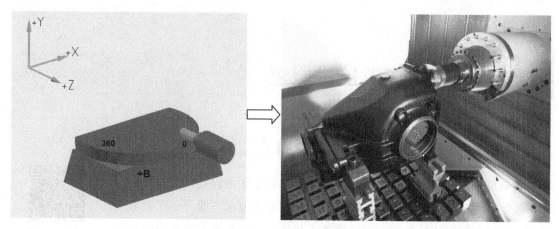

图 1-2　四轴（B 轴）卧式加工中心

四轴数控机床的典型应用如图 1-3 所示。

图 1-3　四轴数控机床的典型应用

（2）五轴数控机床　五轴数控机床指的是该机床具有三个直线坐标轴和两个旋转坐标轴。根据多轴机床运动轴配置形式的不同，又分为五轴联动加工和五轴定位加工（3+2 轴或 4+1 轴）。

1）五轴联动加工：也称为连续五轴加工，它是指在五轴数控机床上进行五根运动轴同时联合运动的切削加工形式。

2）五轴定位加工：也称为五轴定轴加工，可分为 3+2 轴和 4+1 轴加工。3+2 轴加工是指在五轴机床上进行 X、Y、Z 三轴联合加工，同时两个旋转轴固定在某角度的加工形式。3+2 轴加工是五轴加工中最常用的加工方式，能完成大部分侧面结构的工件加工。4+1 轴加工是指在五轴机床上实现三个直线轴和一个旋转轴联合运动，另一旋转轴做间歇运动的一种加工形式。

五轴数控机床的工作机构一般由头部的摆动和工作台的转动组成，因此五轴数控机床的形式繁多。尽管五轴数控机床的结构千变万化，但其基本的、最常见的形式按照其结构特点的不同可分为三大类。

1）双转台五轴数控机床：指两个旋转轴都在工作台一侧的机床。刀轴方向不动，工件加工时随工作台旋转，须考虑装夹承重，能加工的工件尺寸比较小。其结构如图 1-4 所示。常见工作台如图 1-5 所示。

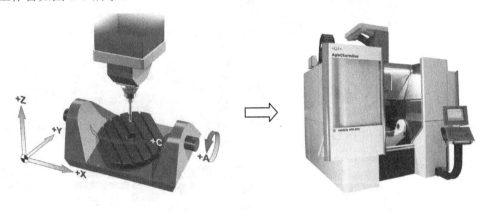

a）摇篮式

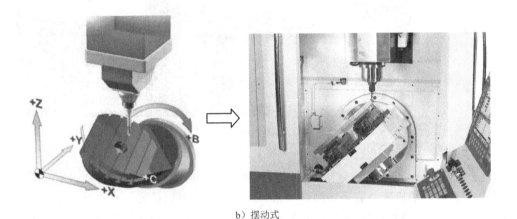

b）摆动式

图 1-4　双转台五轴数控机床

a）圆形工作台

b）矩形工作台

图 1-5　双转台五轴数控机床工作台

2）双摆头五轴数控机床：指两个旋转轴都在主轴头一侧的机床。工作台不动，机床能加工的工件尺寸比较大。其结构如图 1-6 所示。

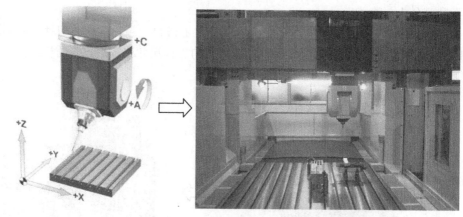

a）双摆头式五轴联动龙门加工中心

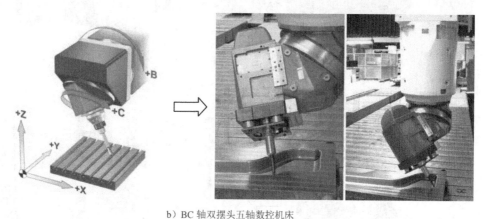

b）BC 轴双摆头五轴数控机床

图 1-6　双摆头五轴数控机床

3）一摆头一转台五轴数控机床：指两个旋转轴中的主轴头设置在刀轴一侧，另一个旋转轴在工作台一侧的机床。旋转轴的结构布局较为灵活，可以是 A、B、C 三轴中的任意两轴组合，其结合了主轴倾斜和工作台倾斜的优点，加工灵活性和承载能力均有所改善。其结构如图 1-7 所示。

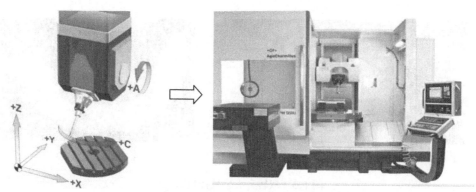

图 1-7　一摆头一转台五轴数控机床

五轴数控机床的典型应用如图 1-8 所示。

图 1-8　五轴数控机床的典型应用

（3）车铣复合数控机床　复合加工是目前机械加工领域最流行的加工工艺之一，是一种先进制造技术。复合加工就是把几种不同的加工工艺在一台机床上实现。复合加工中应用最广泛、难度最大的是车铣复合加工。车铣复合加工中心相当于一台数控车床和一台加工中心的复合。典型车铣复合加工中心如图 1-9 所示，车铣复合典型加工案例如图 1-10 所示。

图 1-9　典型车铣复合加工中心

图 1-10　车铣复合典型加工案例

2. 多轴数控机床的加工特点

1）可一次性完成零件的五面加工，减少重复装夹次数，提高加工精度，节约时间。

2）可完成空间曲面的加工，减小对设计、加工工艺的限制，提高产品的整体性能。特别是对于叶轮等复杂曲面加工，用三轴数控机床时刀具会与零件发生干涉，而使用五轴联动机床能很好地避免。

3）利用刀轴可控性，让刀具的侧刃切削，提高了加工效率及表面质量，延长了刀具寿命。

4）缩短新产品研发周期。

5）在模具加工中可对深腔、深槽进行加工，节约加工成本。

1.2　多轴数控机床对刀

多轴数控机床对刀

1. 对刀的意义

数控加工时，数控程序所走的路径是主轴上刀具的刀位点的运动轨迹。刀具刀位点的运动轨迹自始至终需要在机床坐标系下进行精确控制，这是因为机床坐标系是机床唯一的基准。编程人员在进行程序编制时不可能知道各种规格刀具的具体尺寸，为了简化编程，这就需要在进行程序编制时采用统一的基准，然后在使用刀具进行加工时，将刀具准确的长度和半径尺寸相对于该基准进行相应的偏置，从而得到刀具刀位点的准确位置。所以对刀的目的就是确定工件坐标系和刀具的补偿值，从而在加工时确定刀位点在工件坐标系中的准确位置。图 1-11、图 1-12 为多轴数控机床典型数控系统 SIEMENS 的对刀参数设置界面。

图 1-11　工件坐标系设置界面　　　　图 1-12　刀具补偿设置界面

2. 典型多轴数控机床对刀

要获得准确的对刀数据，保障产品加工质量，必须借助对刀工具。常用的对刀工具如图 1-13 所示。

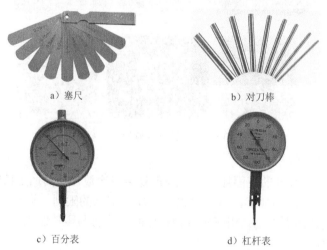

a）塞尺　　　　　　　　b）对刀棒

c）百分表　　　　　　　d）杠杆表

图 1-13　常用的对刀工具

开机前安全操作
注意事项

加工中安全操作
注意事项

加工结束后安全
操作注意事项

机床上电与断电

换刀

e）光电式寻边器　　　　　　f）机械式寻边器

g）Z 轴设定器　　　　　　h）光学对刀仪

自动对刀

工件坐标系设置

传输程序、加工

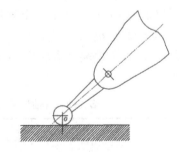

i）机内对刀仪　　　　　　j）红外测头

图 1-13　常用的对刀工具（续）

（1）四轴立式加工中心对刀　对刀点设置于工件右端面与回转中心的交点，如图 1-14 所示。

1）A 轴对刀：一般情况下，A 轴基准采用百分表（或杠杆表）对刀，根据产品结构要求找正位置即可，如图 1-15 所示。若无特殊要求，任意位置都可。

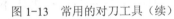

图 1-14　对刀点　　　　　　　　　　图 1-15　A 轴对刀

2）X 轴对刀：移动工作台，将主轴移动至 X 轴的侧面，让寻边器靠近工件的端面，通过手轮微调，当寻边器发光时记录下 X 轴的坐标，如图 1-16 所示。工件坐标系的 X 坐标为当前值减去寻边器测头的半径。

3）Y 轴对刀：将寻边器装在机床的主轴上，调整工作台的位置。让寻边器调到工件 Y 轴的一侧，使用手轮微调，让寻边器慢慢接触到工件的边缘，直到寻边器发光时，记录下此位置的坐标值 Y_1；将寻边器抬高远离工件，然后移动工件至 Y 轴的另一侧，同理测得 Y_2（两侧 Z 轴须等高），如图 1-17 所示，则工件坐标系的 Y 坐标为 Y_1 与 Y_2 之和的一半。

4）Z 轴对刀：将主轴上的寻边器换成加工所使用的刀具，移动刀具至工件 X 轴正上方，采用塞尺对刀，将 Z 轴上的切削刀具放置在工件的上表面，使用手轮微调，抽拉塞尺感觉到摩擦力即可，记录下此时的 Z 坐标，如图 1-18 所示，则工件坐标系的 Z 坐标为当前值减去塞尺厚度。多把刀可借助对刀仪对刀。

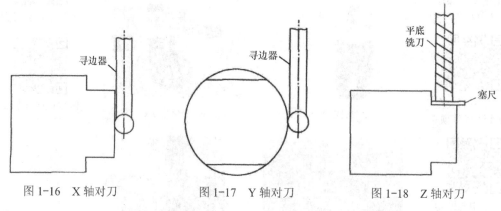

图 1-16　X 轴对刀　　　　　图 1-17　Y 轴对刀　　　　　图 1-18　Z 轴对刀

（2）五轴数控机床对刀

1）普通五轴数控机床对刀：三轴数控机床加工时，工件在机床工作台上装夹好后，要找到编程时在图形中设定为基准点的那一点在机床上的位置，也就是测出这一点的机床坐标值。

普通五轴数控机床加工的对刀操作与三轴数控机床不同，一是操作顺序不同（表 1-1），二是五轴比三轴要多一些内容。三轴数控机床一般都是先装夹好工件，然后进行对刀操作。五轴数控机床有时要先进行部分对刀操作，然后再装夹工件。这种情况下，工件装夹的位置还需按照对刀的要求进行校正。五轴数控机床的旋转轴或摆动轴都是按角度值运动的，因此其对刀还需要校正旋转轴或摆动轴的零点位置。当机床结构为双转台或双摆头时，两个旋转轴是相关的（其中一个旋转轴跟随另一个运动），这时需要测定两轴的距离或偏心量；当五轴数控机床含有摆头结构时，还需要测量摆长（图 1-19）以及刀具长度。图 1-20 中的 M 代表主轴端到旋转中心的距离，L 代表刀具的长度，一般情况下摆长指的是两者之和。

表 1-1　五轴加工与三轴加工工艺异同

轴数	步骤 1	步骤 2	步骤 3	步骤 4	步骤 5	步骤 6	步骤 7	步骤 8
五轴	建模	生成轨迹	装夹零件	找正	建立工件坐标系	根据原点坐标生成代码	仿真	加工
三轴	建模	生成轨迹	生成代码	装夹零件	找正	建立工件坐标系	仿真	加工

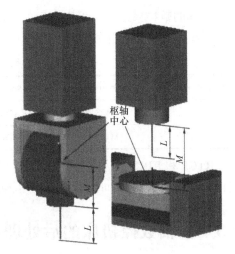

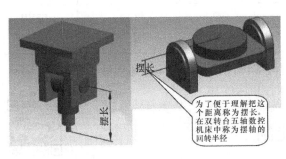

图 1-19　摆长示意图　　　　　　　　　　图 1-20　对刀原理图

三种主要结构类型的五轴数控机床对刀操作与三轴数控机床的不同点如下：

① 双转台机床（工作台回转、摆动）：在工件装夹之前测量确定两转轴轴线和摆轴轴线的交点、转台表面到摆轴轴线的距离，还要将转台校水平，装夹工件时校正工件或测量出工件位置偏差。

② 转台 + 摆头机床（工作台回转，刀具摆动）：要在装夹工件之前测出转台中心，装夹工件时校正工件或测量出工件位置偏差，还要测定摆轴的有效摆长（有效摆长 = 摆轴长 M + 基准刀具长 L）。

③ 双摆头机床（刀具回转、摆动）：要测定摆轴的有效摆长，还要校正摆轴和转轴的零度位。

2）高端五轴数控机床对刀：所谓高端五轴数控机床指的是具有 RTCP（刀具旋转中心编程）功能或 RPCP（工件旋转中心编程）功能的五轴加工中心。两者应用如图 1-21、图 1-22 所示。

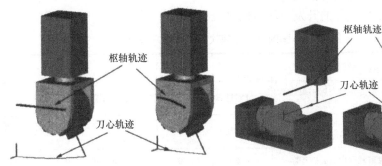

图 1-21　非 RTCP 和 RTCP 功能　　　　　图 1-22　非 RPCP 和 RPCP 功能

高端五轴数控机床对刀过程取决于其是否使用 RTCP 或 RPCP 功能。若在非 RTCP 模式或非 RPCP 模式下编程，则对刀方法与普通五轴数控机床对刀一致；若在 RTCP 模式或 RPCP 模式下编程，则对刀方法与三轴数控机床对刀一致。一摆头一转台五轴数控机床属于 RTCP 和 RPCP 功能的综合应用。

不同的数控系统厂商采用不同的功能代码或循环指令来实现 RTCP、RPCP 功能。典型数控系统 RTCP 功能指令见表 1-2。

表 1-2　典型数控系统 RTCP 功能指令

系统	iTNC530 系统	SIEMENS 840D 系统	FANUC 系统	Fidia 系统	Andron 系统
开启指令	M128	TRAORI	G43.4	G96	G25H1
取消指令	M129	TRAFOOF	G49	G97	G25H0

RTCP 和 RPCP 功能的应用，降低了对刀难度，提高了程序的通用性，使编程可以提前进行，缩短了加工辅助时间，提高了五轴数控机床的加工效率。

1.3　多轴数控机床的后处理定制

后处理技术是将自动编程得到的刀位轨迹转变成机床能够读取的 NC 加工代码，是连接计算机辅助编程软件 CAM 与实际加工机床的桥梁。刀位轨迹只有经过后处理才能生成符合实际加工需要的数控程序，它的合理应用与数控机床的高效运行密不可分。因此，后处理技术是数控加工工艺设计的关键技术之一。

多轴数控机床的
后处理定制

1. 后处理现状

目前，常用的后处理器大体上可以分为三大类：

（1）通用后处理器　由于机床的具体结构形式以及所使用的操作系统各不相同，目前还无法实现以一套通用后处理系统适用于所有的数控机床。

（2）专用后处理器　根据机床的构造形式、自动编程软件和机床操作系统的不同，开发其专门的后处理器，使得到的数控程序能够直接用于此机床的加工。其缺点是编程、建模过程复杂，对编程人员的能力要求较高，工作量较大。

（3）独立接口的后处理器　这种类型的后处理器的特点是具有支持主流数控系统的 CAD/CAM 接口。其后处理功能齐全，不仅可以进行数控加工过程仿真，而且还可以进行数控系统控制过程仿真，所以价格比较贵。

目前国内外后处理软件的开发方法对比见表 1-3。

表 1-3　国内外后处理软件的开发方法对比

序号	后处理开发方法	优　点	缺　点
1	使用高级语言直接将刀位记录转换为数控指令代码	针对性强，灵活性高	开发工作量大，编制困难
2	由用户根据厂家提供的软件编制工具包编制专用后处理程序	灵活简便	要求同时掌握软件编程和数控编程语言，难度较大
3	由软件厂家编制专用后处理程序	无须用户自己开发	需额外购买该机床的专用后处理程序
4	软件商提供人机交互式后处理书写器，用户自行开发	简单方便，开发容易，有针对性	唯一性，只可在同型号机床上应用

2. 常用 CAM 软件后处理应用

目前，市场上国内外 CAM 软件种类繁多，在中小型制造类企业中应用较多的 CAM 软件有 UG、Mastercam、PowerMill、Esprit，以及航空航天领域较常用的 CATIA 等。每个软件都有自己的后处理模块，只是有的是开放的，个人可二次开发，有的却没有。这些 CAM 软件中大多数都带有通用后处理，对于三轴数控机床，只要稍加修改就可以直接应用；然而对于四轴、五轴以上的多轴数控机床就不行了，一般只能自己根据机床结构、参数等二次开发或者购买专业软件公司研发的对应设备的后处理。常用 CAM 软件的后处理开发界面如图 1-23～图 1-26 所示。

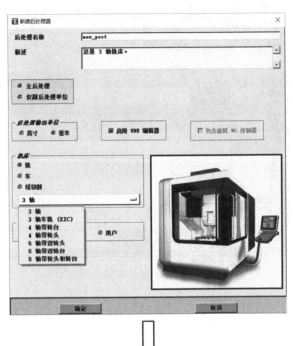

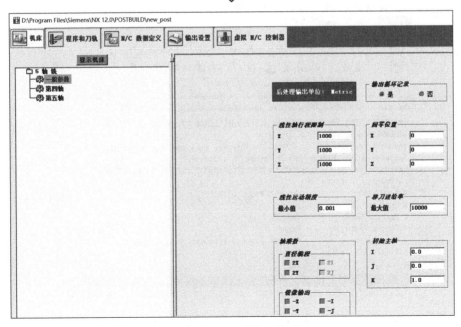

图 1-23　UG 后处理界面

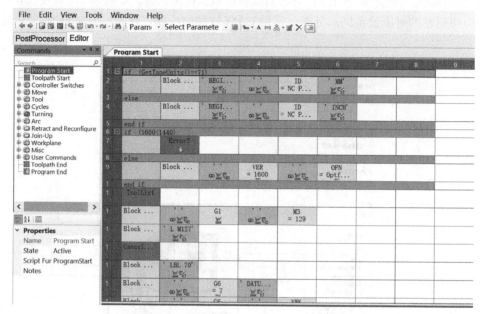

图 1-24　PowerMill 后处理界面

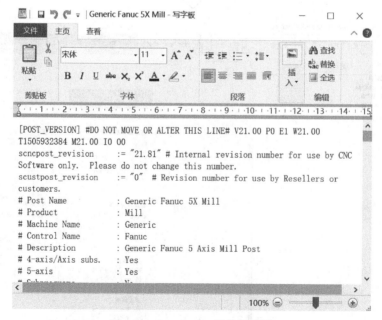

图 1-25　Mastercam 后处理界面

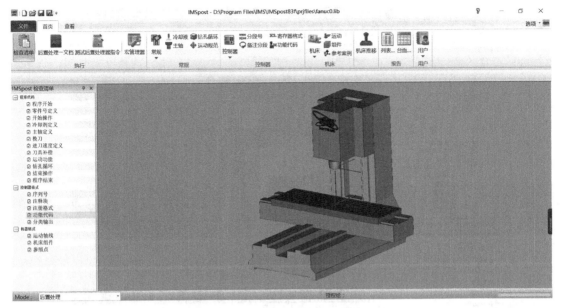

图 1-26　IMSpost 后处理界面

1.4　多轴数控机床仿真加工

多轴数控机床
仿真加工

在真实加工之前，数控加工仿真系统利用计算机提供的可视化模拟加工环境，对刀具路径和材料切除过程等产品加工的本质过程进行虚拟加工，将仿真过程中反映出来的问题直观明了地显示出来，并在计算机上直接进行修改或变更，从而预防真实加工过程中的不良状况，确保加工方法和加工工艺的合理性。数控加工仿真是提高复杂曲面数控编程效率并保证产品质量的重要措施。这些仿真软件可在计算机上逼真动态地显示加工过程中机床、刀具的相对运动和工件材料的去除过程，并进行过切 / 欠切、机床与夹具、刀具的碰撞过程检验，在计算机上实现零件的快速模拟制造加工，为实际生产提供安全保障。常见的仿真软件有 VERICUT、宇龙、斯沃、SINUMERIK Run MyVNCK、HuiMaiTech、CIMCO Edit 等。

（1）VERICUT（图 1-27）　VERICUT 是美国 CGTech 公司开发的一款专业数控加工仿真软件，是当前全球数控加工程序验证、机床模拟、工艺程序优化软件领域的领导者。该软件采用了先进的三维显示及虚拟现实技术，可以验证和检测 NC 程序可能存在的碰撞、干涉、过切、欠切、切削参数不合理等问题，被广泛应用于航空、航天、船舶、电子、汽车、机车、模具、动力及重工业的车削、铣削（三轴及多轴加工）、车铣复合、线切割、电加工等实际生产中。

（2）宇龙（图 1-28）　宇龙软件能够实现五轴加工中心的五轴联动加工和多方向平面定位加工仿真，能够实现 RTCP 功能，能够提供工作台旋转（P 型）和工作台旋转 + 主轴旋转（M 型）两种机床结构的多种机床模型，能够实现旋转轴为 AC 轴、BC 轴、A 轴等各种四轴或者五轴加工中心的加工仿真。

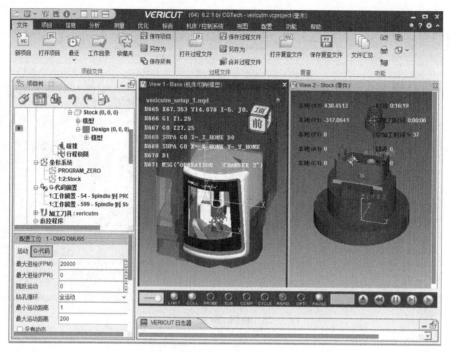

图 1-27　VERICUT 仿真界面

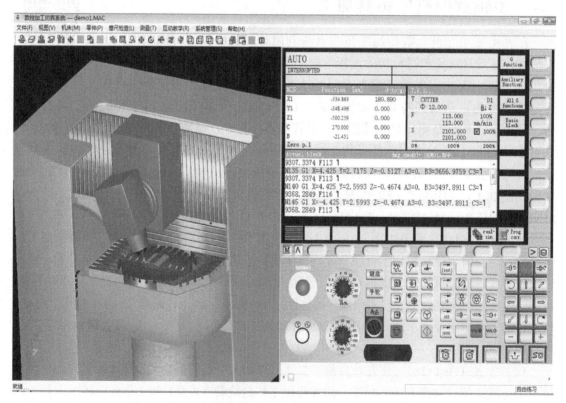

图 1-28　宇龙仿真界面

（3）斯沃（图 1-29）　斯沃多轴数控加工仿真软件（SSMAM）能够实现五轴加工中心

的五轴联动加工和多方向平面定位加工仿真；提供双工作台旋转机床结构和双摆头的机床结构，以及混合单摆头单转台机床结构模型，并且提供每个机床模型结构的机床重要参数；能够实现旋转轴为 A 轴、AC 轴、BC 轴等各种四轴、五轴加工中心的仿真，并且具有 RTCP 功能。

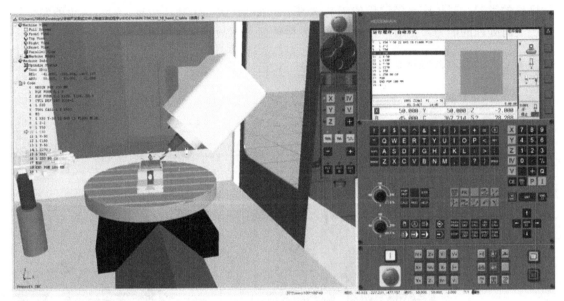

图 1-29 斯沃仿真界面

（4）SINUMERIK Run MyVNCK（图 1-30） 借助 SINUMERIK Run MyVNCK，机床厂商和生产企业可以创建自己的虚拟控制机床，因为 SINUMERIK Run MyVNCK 可以将原始数控内核软件集成到虚拟机床中。在 SINUMERIK Run MyVNCK 中，加工程序的仿真和真实数控系统上一模一样。

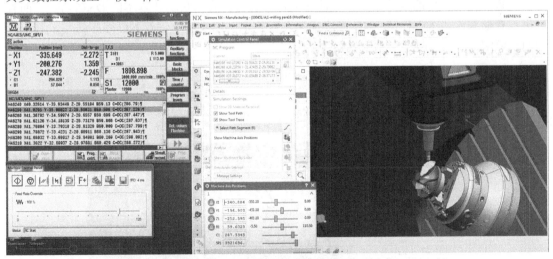

图 1-30 SINUMERIK Run MyVNCK 仿真界面

SINUMERIK Run MyVNCK 是西门子提供的一种可以显著提高机床可用性的解决方案：一条经过优化的、针对加工准备的 CAD/CAM-CNC 过程链，包含了和真实数控系统一样的仿真过程。有了 SINUMERIK Run MyVNCK，虚拟机床可以无缝地集成到常规的产品开发过程中。生产企业可以拥有一个和真实系统一样的虚拟加工准备站，而不需要占用真实机床，从而大大解放了真实机床。企业可以在该虚拟环境中计划、改进并验证加工步骤。

（5）HuiMaiTech（图 1-31）　该系统包含了机床初学者对机床各结构的了解，对机床整体操作的学习，对机床系统编程使用的学习，对 NC 代码加工验证仿真，对机床可能发生的情况及时处理的能力，把对多轴机床可能发生的碰撞事故规避在加工之前。

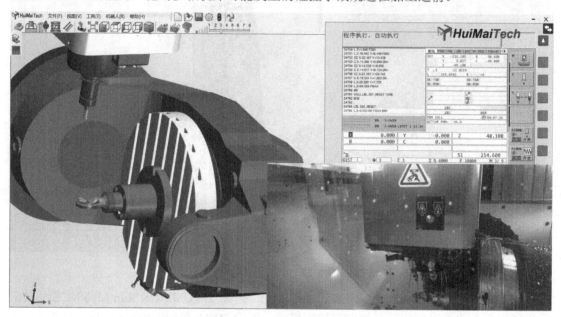

图 1-31　HuiMaiTech 仿真界面

（6）CIMCO Edit（图 1-32）　CIMCO Edit 是一款非常专业的数控编程和仿真工具，其不仅内置强大而实用的数控编辑、文件比较器、背板、实体仿真和基本的 DNC 功能，而且可进行存储和检索 NC 程序、NC 程序优化、后处理，以及快速进行 NC 程序仿真，其广泛应用于航空、汽车、铸造和精密仪器等领域。

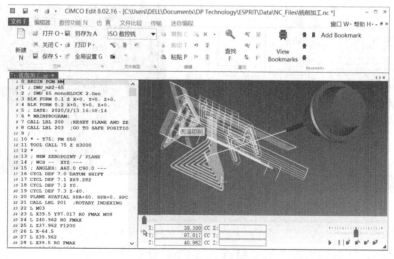

图 1-32　CIMCO Edit 仿真界面

2.1 实例1：麻花钻的 UG NX 12.0 数控编程与 VERICUT 8.2.1 仿真加工

案例导读　　　　加工准备

2.1.1 实例概况

麻花钻是应用最广的孔加工刀具，通常直径范围为 0.25 ～ 80mm。一般麻花钻用高速钢制造，镶焊硬质合金刀片或齿冠的麻花钻适于加工铸铁、淬硬钢和非金属材料等，整体硬质合金小麻花钻用于加工仪表零件和印制电路板等。

2.1.2 数控加工工艺分析

1. 零件分析

麻花钻主要由钻头工作部分和柄部构成，工作部分有两条螺旋形的沟槽，形似麻花。标准麻花钻的切削部分顶角为 118°，横刃斜角为 40° ～ 60°，后角为 8° ～ 20°，主要采取铣制方法加工。

2. 毛坯选用

零件材料为硬质合金，尺寸为 ϕ8mm×145mm。零件长度、直径尺寸已经精加工到位，无须再加工。

3. 制订加工工序卡

选用四轴立式加工中心，自定心卡盘装夹，遵循先粗后精加工原则：粗加工⇨半精加工⇨精加工。零件加工程序单见表 2-1。

表 2-1　零件加工程序单

加工单位	零件名称	零件图号	批次	页次	共 1 页	程序原点	
数控中心	麻花钻	2-1			第 1 页		
工序名称	设备	加工数量	计划用时 /h				
铣螺旋槽	AVL650e	1					
工位	材料	工装号	实际用时 /h				
MC	硬质合金						
序号	程序名	加工内容	刀具号	刀具规格	S 转速 / (r/min)	F 进给量 / (mm/min)	
1	CJG	麻花钻槽开粗	T01	D3R1.5	6500	300	
2		麻花钻刃开粗	T02	D1R0.5	4000	200	
3	BJJG	麻花钻槽半精加工	T01	D3R1.5	6500	300	
4		麻花钻刃半精加工	T02	D1R0.5	4000	200	
5	JJG	麻花钻槽精加工	T01	D3R1.5	6500	300	
6		麻花钻刃精加工	T02	D1R0.5	4000	200	
编程：		仿真：		审核：		批准：	

2.1.3 编制加工程序

1. 创建项目

1）打开 X:\UG 多轴编程与 VERICUT 仿真加工应用实例参考资料 \ 四轴加工案例资料 \ 麻花钻加工案例资料 \ 训练素材 \ 麻花钻加工案例 .prt。

2）设置加工环境，进入加工模块，如图 2-1 所示。

2. 创建刀具

精铣刀具的选择要根据零件最小 R 角（一般是副后刀面过渡圆角）来确定。在主菜单下依次单击"分析""最小半径"，弹出"最小半径"对话框，选择刃带圆角，如图 2-2 所示；单击"确定"，弹出"信息"对话框，显示最小半径为 0.600000000mm，如图 2-3 所示。在"工序导航器 - 机床"对话框中创建所有刀具，如图 2-4 所示，具体参数设置如图 2-5 所示。

图 2-1　设置加工环境

图 2-2　选择刃带圆角

图 2-3　显示最小半径

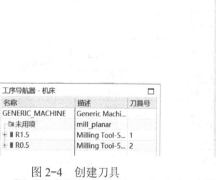

图 2-4　创建刀具

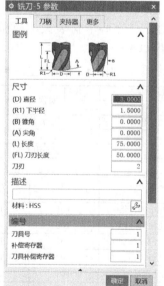

图 2-5　设置刀具参数

3．设置加工坐标系

1）在"工序导航器 - 几何"对话框中，双击加工坐标系节点"MCS"，如图 2-6 所示，进入机床坐标系对话框。

2）指定 MCS。加工坐标系零点设在麻花钻端部中心，调整结果如图 2-7 所示。

3）安全设置。"安全设置选项"选"圆柱"，以麻花钻底面圆心为中心，创建半径为10.0000 的圆柱面，如图 2-8 所示。

4）细节设置。如图 2-8 所示，用途选"主要"，设定为主加工坐标系；"装夹偏置"设为"1"，设定工件偏置为 G54。

图 2-6　几何视图 MCS

图 2-7　MCS 调整结果

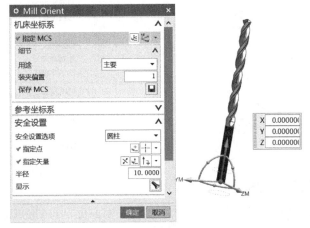

图 2-8　安全设置

4．设置铣削几何体

在"工序导航器 - 几何"对话框中，双击"WORKPIECE"节点（图 2-9），进入"铣削几何体"对话框，如图 2-10 所示，"指定部件"选择零件模型中的"体 0"，"指定毛坯"选择零件模型中的"拉伸 16"。

5．麻花钻开粗

（1）生成 QDMKC11、QDMKC21

1）创建工序。在程序顺序视图下，创建可变轮廓铣操作，"程序"选择"NC_PROGRAM"，"刀具"选择"R1.5（铣刀 -5 参数）"，"几何体"选择"MCS"，"方法"选择"METHOD"，"名称"设为"QDMKC11"，如图 2-11 所示。单击"确定"，进入"可变轮廓铣 -[QDMKC11]"对话框，如图 2-12 所示。

麻花钻开粗

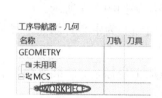

图 2-9 几何视图 WORKPIECE

图 2-10 WORKPIECE 设置

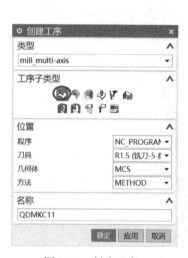

图 2-11 创建工序

图 2-12 "可变轮廓铣-[QDMKC11]"对话框

2）几何体设置。指定部件几何体选择零件模型中的"体 0"，如图 2-13 所示。

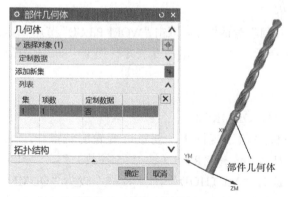

图 2-13 部件几何体设置

3）设置驱动方法。驱动方法选择"曲面区域"，单击可变轮廓铣驱动方法按钮，进入"曲面区域驱动方法"对话框（图 2-14）。设"切削模式"为"往复"、"步距"为"数量"、"步距数"为"10"。单击指定驱动几何体按钮，进入"驱动几何体"对话框，几何体选择零件模型中的"体 0"面，其他设置默认，如图 2-15 所示。

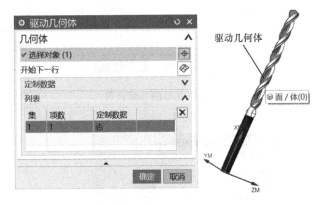

图 2-14　"曲面区域驱动方法"对话框　　　　图 2-15　驱动几何体设置

4）投影矢量设置。投影"矢量"选择"刀轴"。

5）刀轴参数设置。"轴"选择"4 轴，相对于驱动体"，单击刀轴设置按钮，进入"4 轴，相对于驱动体"对话框，单击 X 轴，"旋转角度"设为"-15.0000"，如图 2-16 所示。

图 2-16　刀轴参数设置

6）刀轨设置。单击切削参数按钮，进入"切削参数"对话框，余量设置如图 2-17 所示。单击非切削移动按钮，进入"非切削移动"对话框，设置进刀参数，如图 2-18 所示。单击进给率和速度按钮，进入"进给率和速度"对话框，设置参数，如图 2-19 所示。

7）生成 QDMKC11 刀具轨迹，如图 2-20 所示。

8）复制刀轨。选中程序视图中的 QDMKC11 刀轨，右击，依次选择"对象""变换…"（图 2-21），进入"变换"对话框，设置相关参数，单击"确定"按钮，结果如图 2-22 所示。

图 2-17 切削参数的余量设置

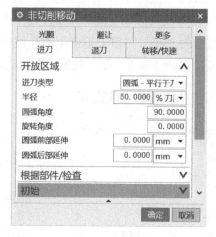

图 2-18 非切削移动的进刀参数设置

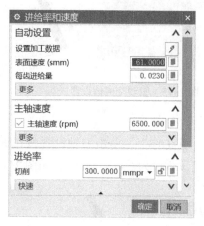

图 2-19 进给率和速度参数设置

图 2-20 QDMKC11 刀具轨迹

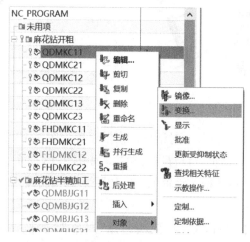

图 2-21 变换功能

图 2-22 QDMKC21 刀具轨迹

（2）生成 QDMKC12、QDMKC22

1）驱动方法选择"曲面区域"，单击可变轮廓铣驱动方法按钮，进入"曲面区域驱动方法"对话框（图 2-23）。设"切削模式"为"往复"、步距为"数量"、"步距数"为"10"。单击指定驱动体按钮，进入"驱动几何体"对话框，几何体选择零件模型中的"体 0"面（图 2-24），其他设置默认。

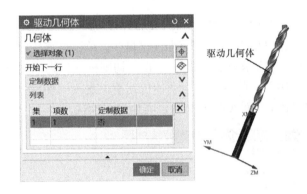

图 2-23　"曲面区域驱动方法"对话框　　　　图 2-24　驱动几何体设置

2）刀轴参数设置。"轴"选择"4 轴，相对于驱动体"，单击刀轴设置按钮，进入"4 轴，相对于驱动体"对话框，单击 X 轴，"旋转角度"设为"25.0000"，如图 2-25 所示。

3）其他标签设置同 QDMKC11，生成 QDMKC12 刀具轨迹，如图 2-26 所示。

4）复制刀轨。选中程序视图中的 QDMKC12 刀轨，右击，依次选择"对象""变换…"（图 2-27），进入"变换"对话框，设置相关参数，单击"确定"按钮，结果如图 2-28 所示。

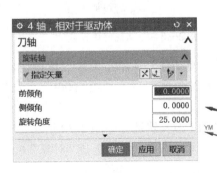

图 2-25　刀轴参数设置　　　　　　　　　图 2-26　QDMKC12 刀具轨迹

图 2-27　变换功能

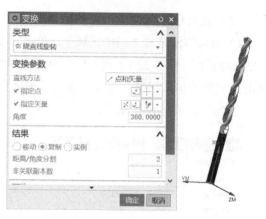

图 2-28　QDMKC22 刀具轨迹

（3）生成 QDMKC13、QDMKC23

1）驱动方法选择"曲面区域"，单击可变轮廓铣驱动方法按钮，进入"曲面区域驱动方法"对话框（图 2-29）。设"切削模式"为"往复"、"步距"为"数量"、"步距数"为"10"。单击指定驱动体按钮，进入"驱动几何体"对话框，几何体选择零件模型中的"体 0"面（图 2-30），其他设置默认。

图 2-29　"曲面区域驱动方法"对话框

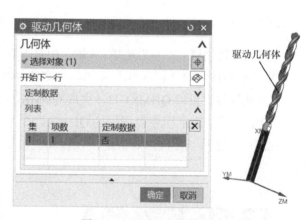

图 2-30　驱动几何体设置

2）刀轴参数设置。"轴"选择"4 轴，相对于驱动体"，单击刀轴设置按钮，进入"4 轴，相对于驱动体"对话框，单击 X 轴，"旋转角度"设为"-20.0000"，如图 2-31 所示。

3）其他标签设置同 QDMKC11，生成 QDMKC13 刀具轨迹，如图 2-32 所示。

4）复制刀轨。选中程序视图中的 QDMKC13 刀轨，右击，依次选择"对象""变换…"（图 2-33），进入"变换"对话框，设置相关参数，单击"确定"按钮，结果如图 2-34 所示。

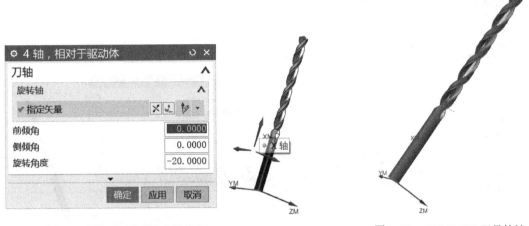

图 2-31　刀轴参数设置　　　　　　　　　　图 2-32　QDMKC13 刀具轨迹

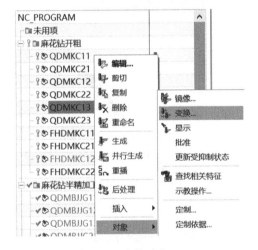

图 2-33　变换功能

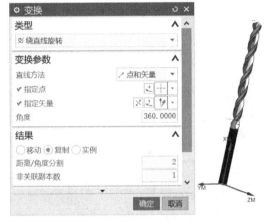

图 2-34　QDMKC23 刀具轨迹

（4）生成 FHDMKC11、FHDMKC21

1）驱动方法选择"曲面区域"，单击可变轮廓铣驱动方法按钮，进入"曲面区域驱动方法"对话框（图 2-35）。设"切削模式"为"往复"、"步距"为"数量"、"步距数"为"10"。单击指定驱动体按钮，进入"驱动几何体"对话框，几何体选择零件模型中的"通过曲线网格 14"面（图 2-36），其他设置默认。

2）投影矢量设置。"矢量"选择"朝向驱动体"，如图 2-37 所示。

3）刀轴参数设置。"轴"选择"垂直于驱动体"，如图 2-37 所示。

4）其余标签设置同 QDMKC11，生成 FHDMKC11 刀具轨迹，如图 2-38 所示。

5）复制刀轨。选中程序视图中的 FHDMKC11 刀轨，右击，依次选择"对象""变换…"（图 2-39），进入"变换"对话框，设置相关参数，单击"确定"按钮，结果如图 2-40 所示。

图 2-35 "曲面区域驱动方法"对话框

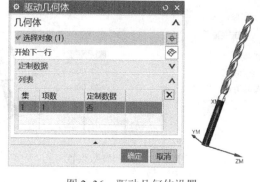

图 2-36 驱动几何体设置

图 2-37 投影矢量、刀轴参数设置

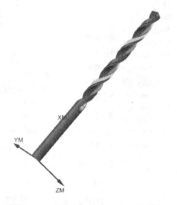

图 2-38 FHDMKC11 刀具轨迹

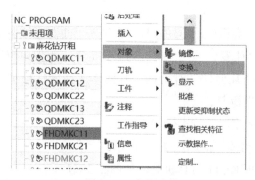

图 2-39 变换功能

图 2-40 FHDMKC21 刀具轨迹

（5）生成 FHDMKC12、FHDMKC22

1）创建工序。在程序顺序视图下，创建可变轮廓铣操作，"程序"选择"NC_PROGRAM"，

"刀具"选择"R0.5（铣刀-5参数）"，"几何体"选择"MCS"，"方法"选择"METHOD"，"名称"
设为"FHDMKC12"，如图 2-41 所示。单击"确定"，进入"可变轮廓铣 -[FHDMKC12]"
对话框，如图 2-42 所示。

图 2-41　创建工序

图 2-42　"可变轮廓铣 -[FHDMKC12]"对话框

　　2）驱动方法选择"曲面区域"，单击可变轮廓铣驱动方法按钮，进入"曲面区域驱
动方法"对话框（图 2-43）。设"切削模式"为"往复"、"步距"为"数量"、"步距数"
为"10"。单击指定驱动体按钮，进入"驱动几何体"对话框，几何体选择零件模型中的
"在面上偏置 10"面（图 2-44），其他设置默认。

图 2-43　"曲面区域设置方法"对话框

图 2-44　驱动几何体设置

3）投影矢量设置。"矢量"选择"朝向驱动体"，如图 2-45 所示。

4）刀轴参数设置。"轴"选择"垂直于驱动体"，如图 2-45 所示。

5）刀轨设置。单击进给率和速度按钮 ，进入"进给率和速度"对话框，设置参数，如图 2-46 所示，切削参数、非切削移动参数设置同前。

6）其余标签设置同 QDMKC11，生成 FHDMKC12 刀具轨迹，如图 2-47 所示。

图 2-45　投影矢量、刀轴参数设置　　图 2-46　进给率和速度参数设置　　图 2-47　FHDMKC12 刀具轨迹

7）复制刀轨。选中程序视图中的 FHDMKC12 刀轨，右击，依次选择"对象""变换…"（图 2-48），进入"变换"对话框，设置相关参数，单击"确定"按钮，结果如图 2-49 所示。

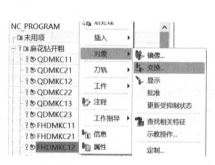
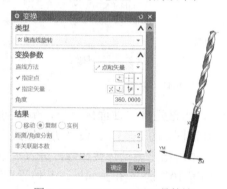

图 2-48　变换功能　　　　　　　　　　图 2-49　FHDMKC22 刀具轨迹

6. 麻花钻半精加工

基本设置和麻花钻开粗加工一样，只是把"部件余量"设为"0.0500"，如图 2-50 所示，刀具轨迹如图 2-51 所示。

麻花钻半精加工

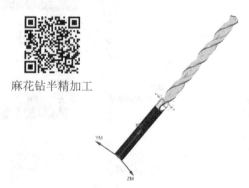

图 2-50　加工余量设置　　　　　图 2-51　QDMBJJG11 ～ FHDMBJJG22 刀具轨迹

7. 麻花钻精加工

基本设置和麻花钻开粗加工一样，只是把"部件余量"设为"0.0000"，如图 2-52 所示，刀具轨迹如图 2-53 所示。

麻花钻精加工

图 2-52　加工余量设置

图 2-53　QDMJJG11 ～ FHDMJJG22 刀具轨迹

8. 生成数控程序

1）在程序视图下，选中"麻花钻开粗"并右击，选择"后处理"（图 2-54），进入"后处理"对话框，选择相应后处理文件，设置相关内容，如图 2-55 所示。单击"确定"按钮，得到麻花钻开粗程序 CJG，如图 2-56 所示。

2）同理生成麻花钻半精加工、精加工程序 BJJG、JJG。

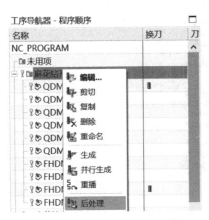

图 2-54　后处理

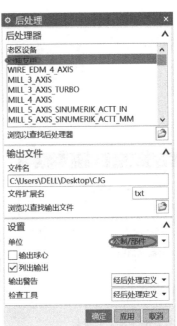

图 2-55　后处理设置

图 2-56　毛坯开粗程序

产品加工

2.1.4　仿真加工

1）进入 VERICUT 界面。启动 VERICUT 软件，在主菜单中依次选择"文件""新项目"，进入"新的 VERICUT 项目"对话框，选择米制单位毫米，设置文件名为麻花钻加工 .vcproject，如图 2-57 所示。单击"确定"按钮，进入仿真设置对话框，如图 2-58 所示。

图 2-57　建立新项目

图 2-58　仿真设置对话框

2）设置工作目录。在主菜单中依次选择"文件""工作目录"，在工作目录对话框中将路径设置为 X:\UG 多轴编程与 VERICUT 仿真加工应用实例参考资料 \ 四轴加工案例资料 \ 麻花钻加工案例资料 \ 训练素材，以便后续操作。

3）安装机床控制系统文件。在仿真设置对话框左侧项目树中双击节点 ▇ *控制*，在对话框中打开 X:\UG 多轴编程与 VERICUT 仿真加工应用实例参考资料 \ 四轴加工案例资料 \ 麻花钻加工案例资料 \ 训练素材 \fanuc-0i.ctl，如图 2-59 所示。

4）安装机床模型文件。在仿真设置对话框左侧项目树中双击节点 ▇ *机床*，打开 X:\UG 多轴编程与 VERICUT 仿真加工应用实例参考资料 \ 四轴加工案例资料 \ 麻花钻加工案例资料 \ 训练素材 \ 机床 .xmch，结果如图 2-60 所示。

图 2-59　安装控制系统

图 2-60　安装机床模型

5）安装毛坯。在仿真设置对话框左侧项目树中选中节点 ▇ *Stock (0, 0, 0)*，右击，依次选择"添加模型""模型文件"，打开 X:\UG 多轴编程与 VERICUT 仿真加工应用实例参考资料 \ 四轴加工案例资料 \ 麻花钻加工案例资料 \ 训练素材 \ 毛坯，结果如图 2-61 所示。

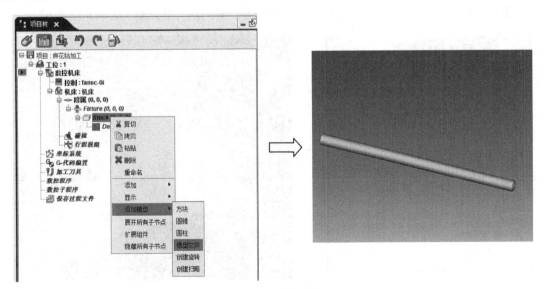

图 2-61　安装毛坯

6）安装零件。在仿真设置对话框左侧项目树中选中节点 ▇ *Design (0, 0, 0)*，右击，依次选择"添加模型""模型文件"，打开 X:\UG 多轴编程与 VERICUT 仿真加工应用实例参考资料\四轴加工案例资料\麻花钻加工案例资料\训练素材\零件，结果如图 2-62 所示。

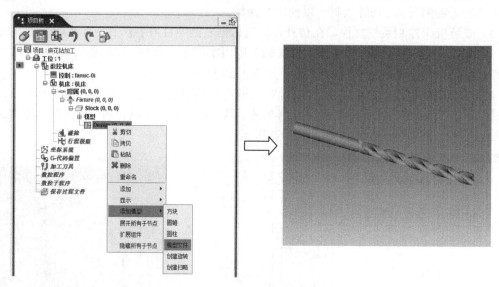

图 2-62　安装设计零件

7）设置对刀参数。根据后处理程序得知，本项目定义 G54 工作偏置，位置在毛坯左端面几何中心。

在仿真设置对话框左侧项目树中选中节点 G-代码偏置 ，在"G-代码偏置"栏中，设定"偏置"为"工作偏置"，输入"寄存器"为"54"，单击 添加 按钮。注意在节点 G-代码偏置 下面出现了节点 1:工作偏置 - 54 - 主轴到 Stock ，单击后，在下面"配置 工作偏置"栏中设置相关参数。在"机床/切削模型"视图中右击，依次选择"显示所有轴""加工坐标原点"，再在仿真设置对话框右下方单击"重置模型"按钮 ，图形上显示了"对刀点"坐标系，结果如图 2-63 所示。

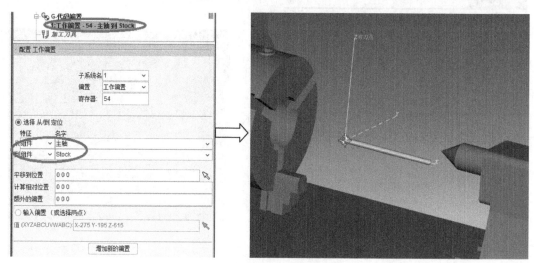

图 2-63　定义 G54 工作偏置

8）安装刀库文件及修改刀具补偿数值。在仿真设置对话框左侧项目树中选中节点 加工刀具 ，右击，选中"打开"，打开 X:\UG 多轴编程与 VERICUT 仿真加工应用实例参考资料\四轴加工案例资料\麻花钻加工案例资料\训练素材\麻花钻加工 .tls，注意"对刀点"设置应和刀号一致，如图 2-64 所示。

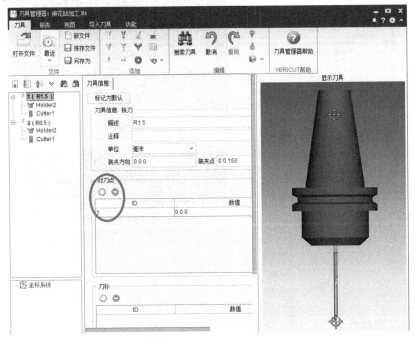

图 2-64　定义刀具参数

9）输入数控程序。在仿真设置对话框左侧项目树中双击节点 **数控程序**，打开 X:\UG 多轴编程与 VERICUT 仿真加工应用实例参考资料\四轴加工案例资料\麻花钻加工案例资料\训练素材\目录下所有加工程序，如图 2-65 所示。

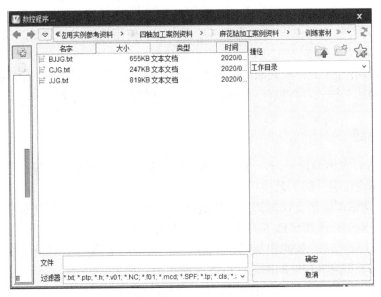

图 2-65　输入数控程序

10）执行仿真。在仿真设置对话框右下方单击"仿真到末端"按钮，进行加工仿真，结果如图 2-66 所示。

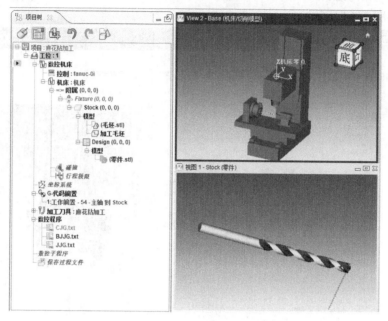

图 2-66　仿真加工

11）仿真结果存盘。

2.1.5　实体加工

1）安装刀具和毛坯。根据机床型号选择 BT40 刀柄，对照工序卡安装刀具。所有刀具保证伸出长度 50mm。将自定心卡盘安装在加工中心工作台面上，使用百分表校准并固定，将毛坯夹紧。

2）对刀。零件加工原点设置在毛坯右端面中心。使用机械式寻边器，找正毛坯中心，并设置 G54 参数，使用 Z 向对刀仪，分别找正每把刀的 Z 向补偿值，并设置刀具补偿参数。

3）程序传输并加工。使用局域网将后处理得到的加工程序传输到加工中心的数控系统，设置机床为自动加工模式，按循环启动键，机床即开始自动加工零件。

2.1.6　实例小结

通过麻花钻的实例编程学习，并根据本书提供的模型文件练习编程、仿真加工，深刻理解四轴加工麻花钻零件的工艺技巧。

1）根据麻花钻螺旋槽及切削刃的结构选择合理的铣削刀具，铣削切削参数要依据加工材质合理选择，避免产生积屑瘤等问题，影响产品加工质量。

2）设计加工工艺时，按照粗加工、半精加工、精加工的原则设计麻花钻前面、副后面的刀具轨迹，为了提高麻花钻的刚性，可适度增加热处理工艺。

3）数控仿真加工时，利用软件的仿真功能获取最短装刀长度，提高刀具的刚性；对比仿真结果与设计模型，分析误差原因，及时修改加工工艺，优化刀具路径，提高产品加工质量。

2.2 实例 2：维纳斯的 UG NX 12.0 数控编程与 VERICUT 8.2.1 仿真加工

案例导读

加工准备

2.2.1 实例概况

在数控加工技术领域，维纳斯雕像的加工一直被业内认为是数控加工中一个集复杂曲面于一身，且表面质量要求高、加工难度大的零件，具有极强的多轴加工代表性。

2.2.2 数控加工工艺分析

1. 零件分析

维纳斯女神工艺品的产品形状比较复杂，适合用多轴加工中心进行加工。

2. 毛坯选用

零件材料为 6061 铝棒，尺寸为 $\phi80\text{mm}\times155\text{mm}$。零件长度、直径尺寸已经精加工到位，无须再加工。

3. 制订加工工序卡

选用四轴立式加工中心，自定心卡盘装夹，遵循先粗后精加工原则：粗加工⇨半精加工⇨精加工⇨清根。零件加工程序单见表 2-2。

表 2-2 零件加工程序单

加工单位	零件名称	零件图号	批次	页次	共 1 页	程序原点	
数控中心	维纳斯	2-2			第 1 页		
工序名称	设备	加工数量	计划用时 /h				
铣外形	AVL650e	1					
工位	材料	工装号	实际用时 /h				
MC	6061						

序号	程序名	加工内容	刀具号	刀具规格	S 转速 / (r/min)	F 进给量 / (mm/min)
1	YCKC	正反面开粗	T01	D25R5	8000	4000
2		正反面清根	T02	D12R6	8000	4000
3	ECKC	整体二次开粗	T02	D12R6	8000	3000
4	BJJG	台面半精加工	T03	D6R3	8000	3000
5		整体半精加工	T03	D6R3	8000	3000
6	JJG	台面半精加工	T03	D6R3	8000	2000
7		整体精加工	T03	D6R3	8000	2000
8	QGJG	清根	T04	D3R1.5	8000	2000

编程：	仿真：	审核：	批准：

2.2.3 编制加工程序

1. 创建项目

1）打开 X:\UG 多轴编程与 VERICUT 仿真加工应用实例参考资料 \ 四轴加工案例资料 \ 维纳斯加工案例资料 \ 训练素材 \ 维纳斯加工案例 .prt。

2）设置加工环境，进入加工模块，如图 2-67 所示。

2. 创建刀具

精铣刀具的选择要根据零件最小 R 角（一般是雕像头部）来确定。在主菜单下依次单击"分析""最小半径"，弹出"最小半径"对话框，选择维纳斯雕像整体，如图 2-68 所示；单击"确定"，弹出"信息"对话框，显示最小半径结果，如图 2-69 所示。结合实际加工情况，在"工序导航器 - 机床"对话框中创建所有刀具，如图 2-70 所示，具体参数设置如图 2-71 所示。

图 2-67　设置加工环境

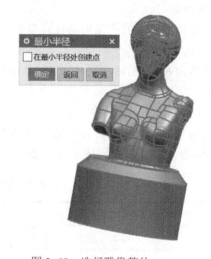

图 2-68　选择雕像整体

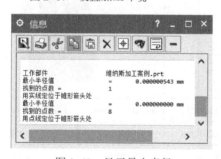

图 2-69　显示最小半径

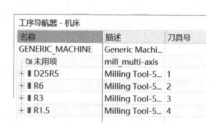

图 2-70　创建刀具

3. 设置加工坐标系

1）在"工序导航器 - 几何"对话框中，双击加工坐标系节点"MCS"，如图 2-72 所示，进入机床坐标系对话框。

2）指定 MCS。加工坐标系零点设在零件底部中心，调整结果如图 2-73 所示。

3）安全设置。"安全设置选项"选"圆柱"，以维纳斯零件底面圆心为中心，创建半径为 60.0000 的圆柱面，如图 2-74 所示。

4）细节设置。"用途"选"主要"，设定为主加工坐标系；设"装夹偏置"为"1"，设定工件偏置为 G54。

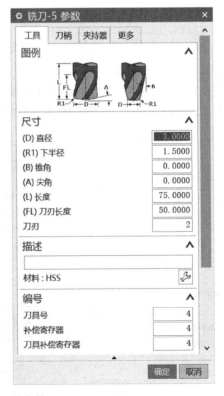

图 2-71　设置刀具参数

图 2-72　几何视图 MCS

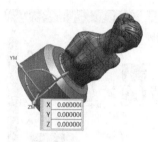

图 2-73　MCS 调整结果

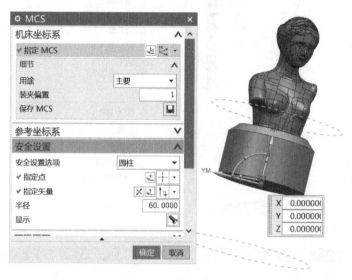

图 2-74　安全设置

4. 设置铣削几何体

在"工序导航器 - 几何"对话框中，双击"WORKPIECE"节点（图 2-75），进入"工件"对话框，如图 2-76 所示，"指定部件"选择零件模型整体，"指定毛坯"选择零件模型中的"拉伸 689"。

图 2-75　几何视图 WORKPIECE

图 2-76　WORKPIECE 设置

5. 维纳斯一次开粗

（1）生成 ZMKC1

1）创建工序。在程序顺序视图下，创建型腔铣操作，"程序"选择"NC_PROGRAM"，"刀具"选择"D25R5 铣刀 -5 参数"，"几何体"选择"MCS"，"方法"选择"METHOD"，"名称"设为"ZMKC1"，如图 2-77 所示。单击"确定"，进入"型腔铣 -[ZMKC1]"对话框，如图 2-78 所示。

维纳斯开粗

图 2-77　创建工序

图 2-78　"型腔铣 -[ZMKC1]"对话框

2）几何体设置。指定部件几何体选择零件模型整体，如图 2-79 所示。指定毛坯几何体选择零件模型中的"拉伸 689"，如图 2-80 所示。

图 2-79　部件几何体设置

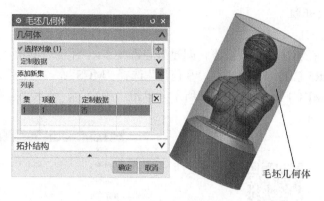

毛坯几何体

图 2-80 毛坯几何体设置

3）刀轴参数设置。"轴"选择"+ZM 轴"，如图 2-81 所示。

4）刀轨设置。基础设置如图 2-82 所示。单击切削层按钮▤，进入"切削层"对话框，参数设置如图 2-83 所示。单击切削参数按钮▦，进入"切削参数"对话框，参数设置如图 2-84 所示。单击非切削移动按钮▤，进入"非切削移动"对话框，设置相关参数，如图 2-85 所示。单击进给率和速度按钮▮，进入"进给率和速度"对话框，设置参数，如图 2-86 所示。

5）生成 ZMKC1 刀具轨迹，如图 2-87 所示。

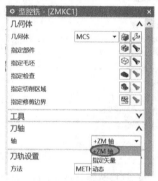

图 2-81 刀轴参数设置

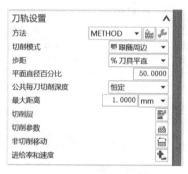

图 2-82 刀轨基础设置

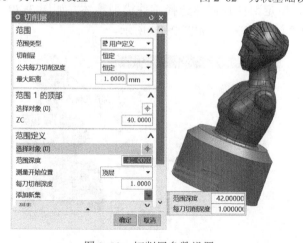

图 2-83 切削层参数设置

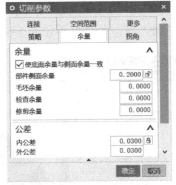

图 2-84　切削参数设置

图 2-85　非切削移动参数设置

图 2-86　进给率和速度参数设置　　　　图 2-87　ZMKC1 刀具轨迹

（2）生成 FMKC1

1）刀轴参数设置。"轴"选择"指定矢量"，如图 2-88 所示。

图 2-88　刀轴参数设置

2）刀轨设置。单击切削层按钮▤，进入"切削层"对话框，参数设置如图 2-89 所示，刀轨其他参数不变。

3）其他标签设置和 ZMKC1 流程一样，生成 FMKC1 刀具轨迹，如图 2-90 所示。

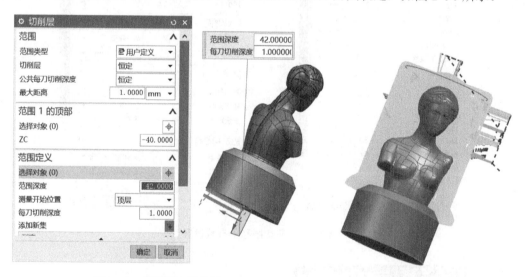

图 2-89　切削层参数设置　　　　　　　图 2-90　FMKC1 刀具轨迹

（3）生成 ZMKC2

1）创建工序。在程序顺序视图下，创建型腔铣操作，"程序"选择"NC_PROGRAM"，"刀具"选择"R6（铣刀 -5 参数）"，"几何体"选择"MCS"，"方法"选择"METHOD"，"名称"设为"ZMKC2"，如图 2-91 所示。

2）刀轨设置。刀轨基础设置如图 2-92 所示。单击切削层按钮▤，进入"切削层"对话框，参数设置如图 2-93 所示。单击切削参数按钮▦，进入"切削参数"对话框，参数设置如图 2-94 所示。刀轨其他参数不变。

3）其他标签设置同 ZMKC1，生成 ZMKC2 刀具轨迹，如图 2-95 所示。

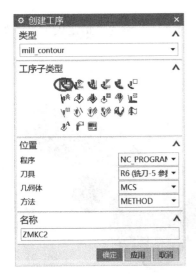

图 2-91　创建工序

图 2-92　刀轨基础设置

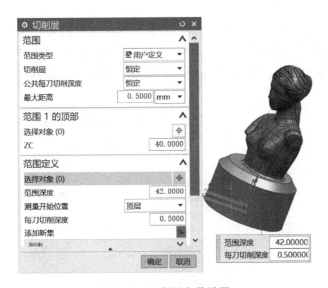

图 2-93　切削层参数设置

图 2-94　切削参数设置

图 2-95　ZMKC2 刀具轨迹

（4）生成 FMKC2

1）基本设置和 ZMKC2 流程一样，区别在于"刀轴"的"轴"设为"指定矢量"，如图 2-96 所示。

2）生成 FMKC2 刀具轨迹，如图 2-97 所示。

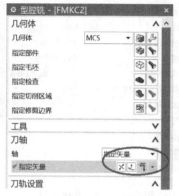
图 2-96　刀轴参数设置

图 2-97　FMKC2 刀具轨迹

6. 维纳斯二次开粗

1）创建工序。在程序顺序视图下，创建可变轮廓铣操作，"程序"选择"NC_PROGRAM"，"刀具"选择"R6（铣刀 -5 参数）"，"几何体"选择"MCS"，"方法"选择"METHOD"，"名称"设为"ZTKC"，如图 2-98 所示。单击"确定"，进入"可变轮廓铣 -[ZTKC]"对话框，如图 2-99 所示。

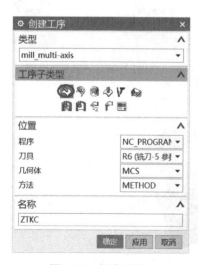
图 2-98　创建工序

图 2-99　"可变轮廓铣 -[ZTKC]"对话框

2）几何体设置。指定部件几何体选择零件模型整体，如图 2-100 所示。

图 2-100　部件几何体设置

3）设置驱动方法。驱动方法选择"曲面区域"，单击可变轮廓铣驱动方法按钮，进入"曲面区域驱动方法"对话框（图 2-101）。设"切削模式"为"螺旋"、"步距"为"残余高度"、"最大残余高度"为"0.1000"。单击指定驱动体按钮，进入"驱动几何体"对话框，驱动几何体选择零件模型中的"拉伸 690"（图 2-102），其他设置默认。

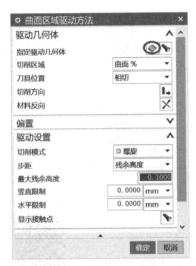

图 2-101　"曲面区域驱动方法"对话框

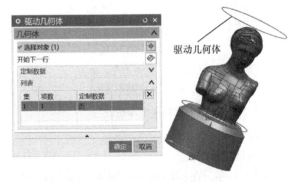

图 2-102　驱动几何体设置

4）投影矢量设置。"矢量"选择"刀轴"。

5）刀轴参数设置。"轴"选择"4 轴，垂直于驱动体"，单击刀轴设置按钮，进入"4 轴，垂直于驱动体"对话框，单击 X 轴，如图 2-103 所示。

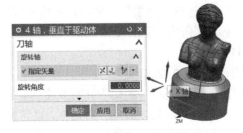

图 2-103　刀轴参数设置

6）刀轨设置。单击切削参数按钮▣，进入"切削参数"对话框，参数设置如图 2-104 所示。单击非切削移动按钮▣，进入"非切削移动"对话框，设置相关参数，如图 2-105 所示。单击进给率和速度按钮▲，进入"进给率和速度"对话框，设置参数，如图 2-106 所示。

7）生成 ZTKC 刀具轨迹，如图 2-107 所示。

图 2-104　切削参数设置　　　　　　　　图 2-105　非切削移动参数设置

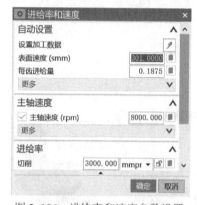

图 2-106　进给率和速度参数设置

图 2-107　ZTKC 刀具轨迹

7. 维纳斯半精加工

（1）生成 ZMBJJG

1）创建工序。在程序顺序视图下，创建固定轮廓铣操作，"程序"选择"NC_PROGRAM"，"刀具"选择"R3（铣刀 -5 参数）"，"几何体"选择"MCS"，"方法"选择"METHOD"，"名称"设为"ZMBJJG"，如图 2-108 所示。单击"确定"，进入"固定轮廓铣 -[ZMBJJG]"对话框，如图 2-109 所示。

2）几何体设置。指定部件几何体选择零件模型整体，如图 2-110 所示。

3）设置驱动方法。驱动方法选择"清根"，单击固定轮廓铣驱动方法按钮▣，进入"清根驱动方法"对话框，设置驱动几何体、驱动设置、陡峭空间范围、非陡峭切削、陡峭切削、参考刀具等参数，如图 2-111 所示。

4）刀轴参数设置。"轴"选择"+ZM 轴"。

5）刀轨设置。单击切削参数按钮▣，进入"切削参数"对话框，参数设置如图 2-112 所示。单击非切削移动按钮▣，进入"非切削移动"对话框，设置相关参数，如图 2-113 所示。单击进给率和速度按钮▲，进入"进给率和速度"对话框，设置参数，如图 2-114 所示。

维纳斯半精加工

6）生成 ZMBJJG 刀具轨迹，如图 2-115 所示。

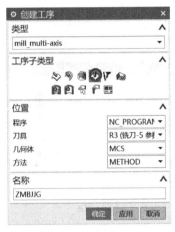

图 2-108 创建工序

图 2-109 "固定轮廓铣—[ZMBJJG]"对话框

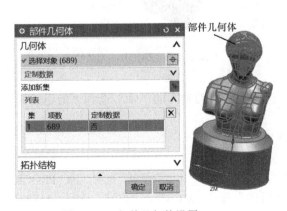

图 2-110 部件几何体设置

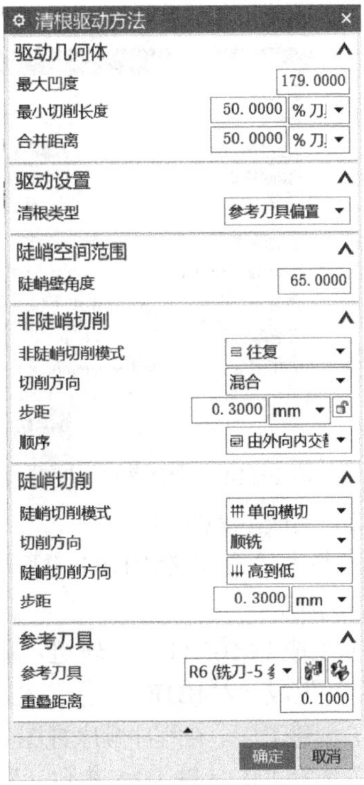

图 2-111 "清根驱动方法"对话框

图 2-112　切削参数设置

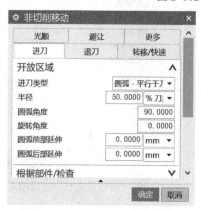

图 2-113　非切削移动参数设置

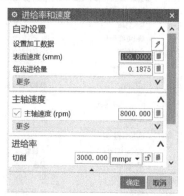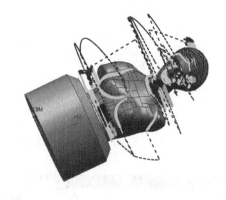

图 2-114　进给率和速度参数设置　　　　图 2-115　ZMBJJG 刀具轨迹

（2）生成 FMBJJG

1）基本设置和 ZMBJJG 流程一样，区别在于"刀轴"的"轴"设为"指定矢量"，如图 2-116 所示。

2）生成 FMBJJG 刀具轨迹，如图 2-117 所示。

（3）生成 TZMBJJG

1）创建工序。在程序顺序视图下，创建可变轮廓铣操作，"程序"选择"NC_PROGRAM"，"刀具"选择"R3（铣刀 -5 参数）"，"几何体"选择"MCS"，"方法"选择"METHOD"，"名称"设为"TZMBJJG"，如图 2-118 所示。

2）设置驱动方法。驱动方法选择"曲面区域"，单击可变轮廓铣驱动方法按钮，进入"曲面区域驱动方法"对话框（图 2-119）。设"切削模式"为"螺旋"、步距为"残余高度"、"最大残余高度"为"0.1000"。单击指定驱动体按钮，进入"驱动几何体"对话框，几何体选择零件模型中的"台锥面"（图 2-120），其他设置默认。

3）其他标签设置同 ZTKC，生成 TZMBJJG 刀具轨迹，如图 2-121 所示。

图 2-116　刀轴参数设置

图 2-117　FMBJJG 刀具轨迹

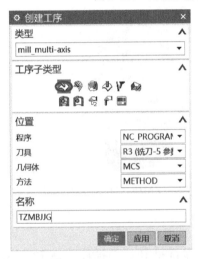

图 2-118　创建工序

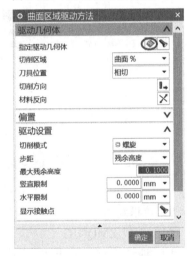

图 2-119　"曲面区域驱动方法"对话框

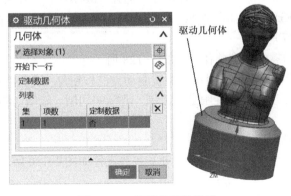

图 2-120　驱动几何体设置

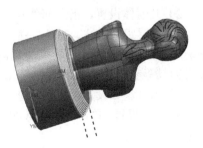

图 2-121　TZMBJJG 刀具轨迹

（4）生成 ZTBJJG

1）基本设置和 ZTKC 流程一样，区别在于刀具为 R3、加工"部件"余量为"0.0500"，如图 2-122 所示。

2）生成 ZTBJJG 刀具轨迹，如图 2-123 所示。

图 2-122　切削参数设置

图 2-123　ZTBJJG 刀具轨迹

8.　维纳斯精加工

基本设置和维纳斯半精加工一样，只是把加工余量设置为"0.0000"，如图 2-124 所示。生成 ZMJJG-ZTJJG 刀具轨迹，如图 2-125 所示。

图 2-124　加工余量设置

维纳斯精加工

图 2-125　ZMJJG-ZTJJG 刀具轨迹

9.　清根加工

（1）生成 ZMQGJG

1）创建工序。在程序顺序视图下，创建固定轮廓铣操作，"程序"选择"NC_PROGRAM"，"刀具"选择"R1.5（铣刀 -5 参数）"，"几何体"选择"MCS"，"方法"选择"METHOD"，"名称"设为"ZMQGJG"，如图 2-126 所示。单击"确定"，进入"固定轮廓铣 -[ZMQGJG]"对话框，如图 2-127 所示。

2）几何体设置。指定部件几何体选择零件模型整体，如图 2-128 所示。

3）设置驱动方法。驱动方法选择"清根"，单击固定轮廓铣驱动方法按钮，进入"清根驱动方法"对话框，设置驱动几何体、驱动设置、陡峭空间范围、非陡峭切削、陡峭切削、参考刀具等参数，如图 2-129 所示。

4）刀轴参数设置。"轴"选择"+ZM 轴"。

5）刀轨设置。单击切削参数按钮，进入"切削参数"对话框，参数设置如图 2-130 所示。其余参数不变。

6）生成 FMBJJG 刀具轨迹，如图 2-131 所示。

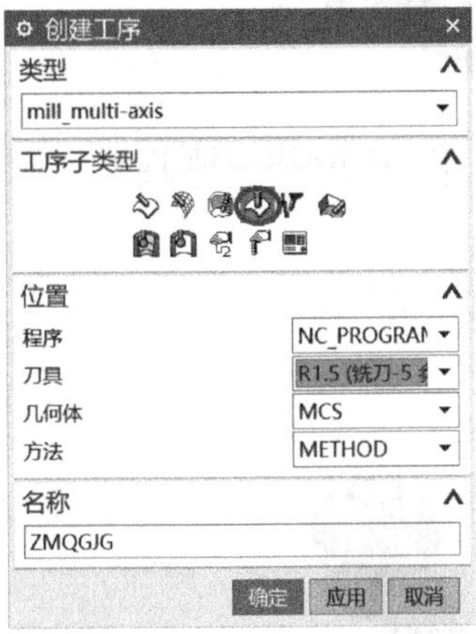

图 2-126　创建工序

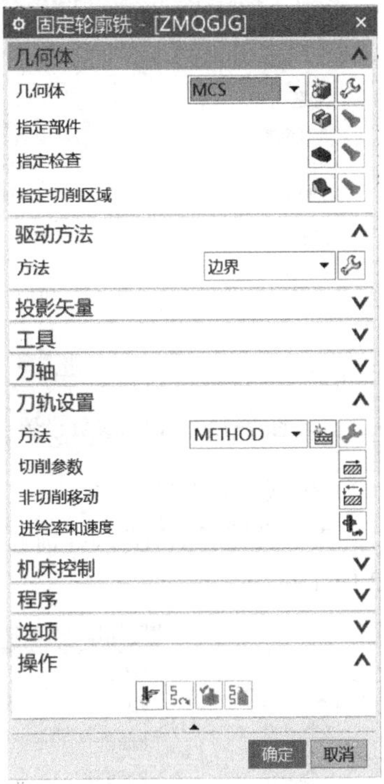

图 2-127　"固定轮廓铣 -[ZMQGJG]"对话框

图 2-128　部件几何体设置

图 2-129　"清根驱动方法"对话框

图 2-130 切削参数设置

图 2-131 ZMQGJG 刀具轨迹

（2）生成 FMQGJG

1）基本设置和 ZMQGJG 流程一样，区别在于"刀轴"的"轴"设为"指定矢量"，如图 2-132 所示。

图 2-132 刀轴参数设置

2）生成刀具轨迹，如图 2-133 所示。

图 2-133 FMQGJG 刀具轨迹

10. 生成数控程序

1）在"工序导航器 - 程序顺序"对话框中，选中"一次开粗"并右击，然后选择"后处理"，如图 2-134 所示，进入"后处理"对话框，选择相应后处理文件，设置相关内容，如图 2-135 所示。单击"确定"按钮，得到毛坯开粗程序 YCKC，如图 2-136 所示。

2）同理生成二次开粗至清根程序 ECKC、BJJG、JJG、QGJG。

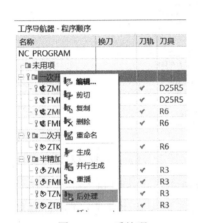

图 2-134　后处理

图 2-135　后处理设置

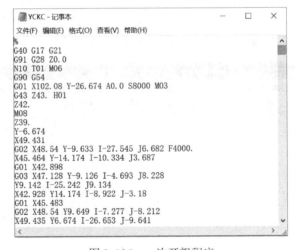

图 2-136　一次开粗程序

产品加工

2.2.4　仿真加工

1）进入 VERICUT 界面。启动 VERICUT 软件，在主菜单中依次选择"文件""新项目"，进入"新的 VERICUT 项目"对话框，选择米制单位毫米，设置文件名为维纳斯加工 .vcproject，如图 2-137 所示。单击"确定"按钮，进入仿真设置对话框，如图 2-138 所示。

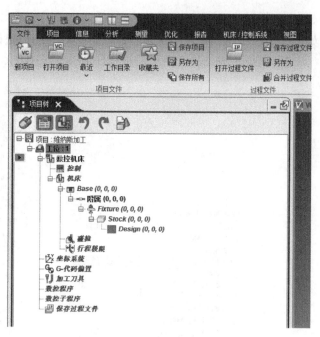

图 2-137　建立新项目　　　　　　　　　　图 2-138　仿真设置对话框

2）设置工作目录。在主菜单中依次选择"文件""工作目录"，在工作目录对话框中将路径设置为 X:\UG 多轴编程与 VERICUT 仿真加工应用实例参考资料 \ 四轴加工案例资料 \ 维纳斯加工案例资料 \ 训练素材，以便后续操作。

3）安装机床控制系统文件。在仿真设置对话框左侧项目树中双击节点 控制，在对话框中打开 X:\UG 多轴编程与 VERICUT 仿真加工应用实例参考资料 \ 四轴加工案例资料 \ 维纳斯加工案例资料 \ 训练素材 \fanuc-0i.ctl，如图 2-139 所示。

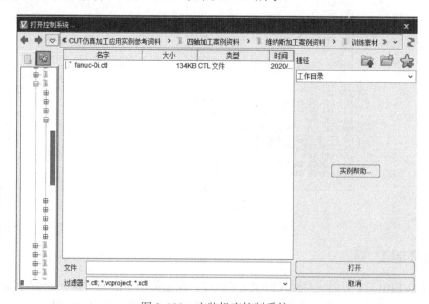

图 2-139　安装机床控制系统

4）安装机床模型文件。在仿真设置对话框左侧项目树中双击节点 机床，打开 X:\UG

多轴编程与 VERICUT 仿真加工应用实例参考资料 \ 四轴加工案例资料 \ 维纳斯加工案例资料 \ 训练素材 \ 机床 .xmch，结果如图 2-140 所示。

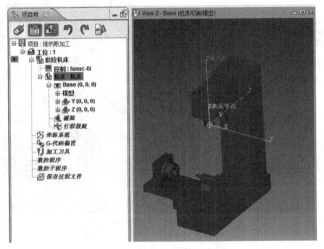

图 2-140　安装机床模型

5）安装毛坯。在仿真设置对话框左侧项目树中选中节点 Stock (0, 0, 0)，右击，依次选择"添加模型""模型文件"，打开 X:\UG 多轴编程与 VERICUT 仿真加工应用实例参考资料 \ 四轴加工案例资料 \ 维纳斯加工案例资料 \ 训练素材 \ 毛坯，结果如图 2-141所示。

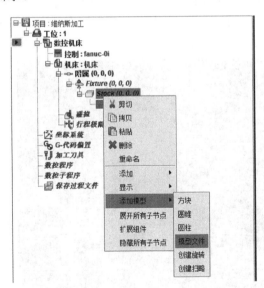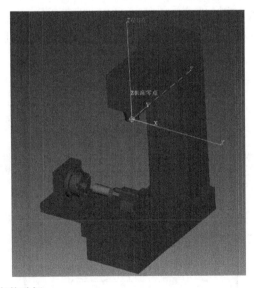

图 2-141　安装毛坯

6）安装零件。在仿真设置对话框左侧项目树中选中节点 Design (0, 0, 0)，右击，依次选择"添加模型""模型文件"，打开 X:\UG 多轴编程与 VERICUT 仿真加工应用实例参考资料 \ 四轴加工案例资料 \ 维纳斯加工案例资料 \ 训练素材 \ 零件，结果如图 2-142所示。

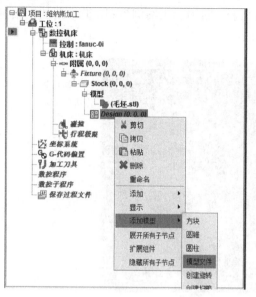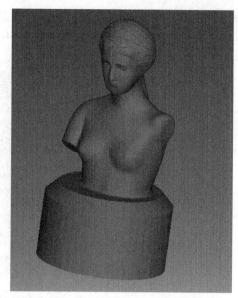

图 2-142　安装设计零件

7）设置对刀参数。根据后处理程序得知，本项目定义 G54 工作偏置，位置在毛坯底面几何中心。

在仿真设置对话框左侧项目树中选中节点 G-代码偏置，在"G-代码偏置"栏中，设定"偏置"为"工作偏置"，输入"寄存器"为"54"，单击 添加 按钮。注意在节点 G-代码偏置 下面出现了节点 1:工作偏置 - 54 - 主轴到 Stock ，单击，在下面"配置 工作偏置"栏中设置相关参数。在"机床 / 切削模型"视图中右击，依次选择"显示所有轴""加工坐标原点"，再在仿真设置对话框右下方单击"重置模型"按钮，图形上显示了"对刀点"坐标系，结果如图 2-143 所示。

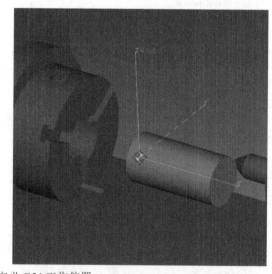

图 2-143　定义 G54 工作偏置

8）安装刀库文件及修改刀具补偿数值。在仿真设置对话框左侧项目树中选中节点 加工刀具，右击，选中"打开"，打开 X:\UG 多轴编程与 VERICUT 仿真加工应用实例参考资料 \ 四轴加工案例资料 \ 维纳斯加工案例资料 \ 训练素材 \ 维纳斯加工 .tls，注意"对刀点"设置应和刀号一致，如图 2-144 所示。

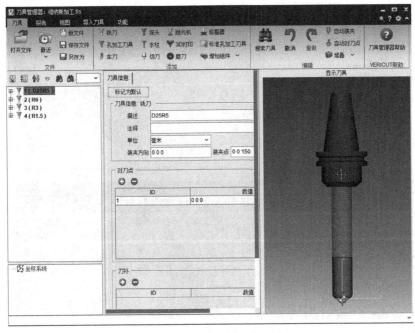

图 2-144　定义刀具参数

9）输入数控程序。在仿真设置对话框左侧项目树中双击节点 **数控程序** ，打开 X:\UG 多轴编程与 VERICUT 仿真加工应用实例参考资料 \ 四轴加工案例资料 \ 维纳斯加工案例资料 \ 训练素材 \ 目录下所有加工程序，如图 2-145 所示。

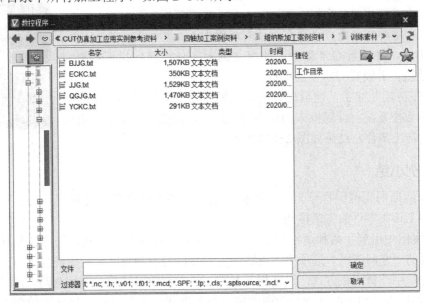

图 2-145　输入数控程序

10）执行仿真。在仿真设置对话框右下方单击"仿真到末端"按钮，进行加工仿真，结果如图 2-146 所示。

11）仿真结果存盘。

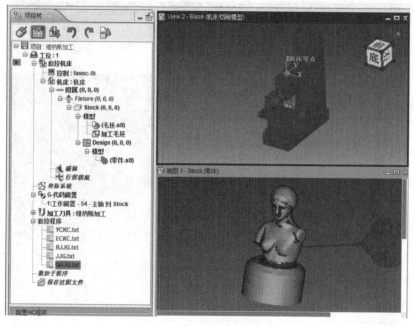

图 2-146　仿真加工

2.2.5　实体加工

1）安装刀具和毛坯。根据机床型号选择 BT40 刀柄，对照工序卡，安装刀具。所有刀具保证伸出长度 50mm。将自定心卡盘安装在加工中心工作台面上，使用百分表校准并固定，将毛坯夹紧。

2）对刀。零件加工原点设置在毛坯右端面中心。使用机械式寻边器，找正毛坯中心，并设置 G54 参数，使用 Z 向对刀仪，分别找正每把刀的 Z 向补偿值，并设置刀具补偿参数。

3）程序传输并加工。使用局域网将后处理得到的加工程序传输到加工中心的数控系统，设置机床为自动加工模式，按循环启动键，机床即开始自动加工零件，结果如图 2-147 所示。

图 2-147　实体加工

2.2.6　实例小结

通过维纳斯的实例编程学习，并根据本书提供的模型文件练习编程、仿真加工，深刻理解四轴加工该类零件的工艺技巧。

1）本案例中用到了两种清根加工方法：一种是型腔铣加工方式，该方法是在"切削参数"对话框的"空间范围"选项卡下设置参考刀具；另一种是固定轮廓铣加工方式，该方法是在驱动方法中选择清根方式，设置相关参数，读者在应用过程中要注意两者的区别。

2）维纳斯主体加工时注意驱动曲面应尽量设置成和主体曲面结果接近的曲面，以提高产品的加工质量。

3）在设置非切削移动参数时，注意各个工序之间刀轨的过渡方式要符合实际机床结构要求，避免碰刀等。

2.3　实例3：诱导轮的 UG NX 12.0 数控编程与 VERICUT 8.2.1 仿真加工

案例导读　　加工准备

2.3.1　实例概况

诱导轮是一个轴流叶轮，它直接装在离心泵第一级叶轮的上游，并随其一起同步转动。离心泵诱导轮也称为叶轮前置诱导轮，诱导轮装在离心泵叶轮的前面；离心泵装上诱导轮后具有较高的吸入性能。

2.3.2　数控加工工艺分析

1. 零件分析

诱导轮形状比较复杂，加工精度要求高，叶片属于薄壁零件，加工时容易产生变形，而且加工叶片时容易产生干涉。

2. 毛坯选用

零件材料为 6061-T6，尺寸为 ϕ85mm×177mm。零件长度、直径尺寸已经精加工到位，无须再加工。

3. 制订加工工序卡

选用四轴立式加工中心，双顶尖自定心卡盘装夹，遵循先粗后精加工原则：粗加工⇒半精加工⇒精加工⇒清根。零件加工程序单见表 2-3。

表 2-3　零件加工程序单

加工单位	零件名称	零件图号	批次	页次	共 1 页	程序原点	
数控中心	诱导轮	2-3			第 1 页		
工序名称	设备	加工数量	计划用时 /h				
铣叶片	AVL650e	1					
工位	材料	工装号	实际用时 /h				
MC	6061-T6						
序号	程序名	加工内容	刀具号	刀具规格	S 转速 /（r/min）	F 进给量 /（mm/min）	
1	CJG	毛坯开粗	T01	D10	6000	2000	
2		叶片开粗	T02	D10R5	6000	2000	
3	BJJG	轴径半精加工	T01	D10	8000	4000	
4		叶片半精加工	T02	D10R5	8000	4000	
5		轮毂半精加工	T03	D6R3	8000	4000	
6	JJG	轴径精加工	T01	D10	8000	4000	
7		叶片精加工	T02	D10R5	8000	4000	
8		轮毂精加工	T03	D6R3	8000	2000	
9	QGJG	清根	T03	D6R3	8000	2000	
编程：		仿真：		审核：		批准：	

2.3.3 编制加工程序

1. 创建项目

1）打开 X:\UG 多轴编程与 VERICUT 仿真加工应用实例参考资料 \ 四轴加工案例资料 \ 诱导轮加工案例资料 \ 训练素材 \ 诱导轮加工案例 .prt。

2）设置加工环境，进入加工模块，如图 2-148 所示。

2. 创建刀具

精铣刀具的选择要根据零件最小 R 角（一般是叶片根部圆角）来确定。在主菜单下依次单击"分析""最小半径"，弹出"最小半径"对话框，选择诱导轮的过渡圆角，如图 2-149 所示；单击"确定"，弹出"信息"对话框，显示最小半径值，如图 2-150 所示。在"工序导航器 - 机床"对话框中，创建所有刀具，如图 2-151 所示，具体参数设置如图 2-152 所示。

3. 设置加工坐标系

1）在"工序导航器 - 几何"对话框中，双击加工坐标系节点"MCS"，如图 2-153 所示，进入机床坐标系对话框。

2）指定 MCS。加工坐标系零点设在诱导轮顶部中心，调整结果如图 2-154 所示。

3）安全设置。"安全设置"选"圆柱"，以诱导轮顶部中心为中心，创建半径为 80.0000 的圆柱面，如图 2-155 所示。

4）细节设置。"用途"选"主要"，设定为主加工坐标系；"装夹偏置"设为"1"，设定工件偏置为 G54。

图 2-148 设置加工环境

图 2-149 选择叶片根部圆角

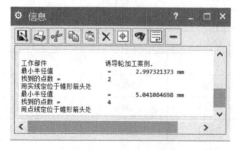

图 2-150 显示最小半径

图 2-151 创建刀具

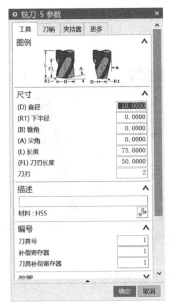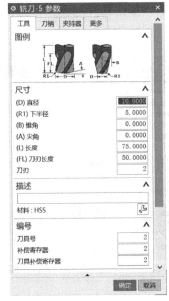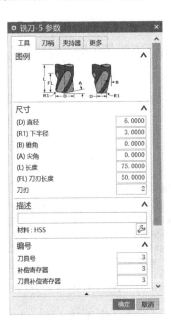

图 2-152　设置刀具参数

图 2-153　几何视图 MCS

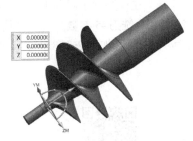

图 2-154　MCS 调整结果

图 2-155　安全设置

4. 设置铣削几何体

在"工序导航器 - 几何"对话框中，双击"WORKPIECE"（图 2-156），进入铣削几何体设置对话框，如图 2-157 所示，指定部件选择零件模型中的"sheet0"，"指定毛坯"
选择零件模型中的"拉伸 15"。

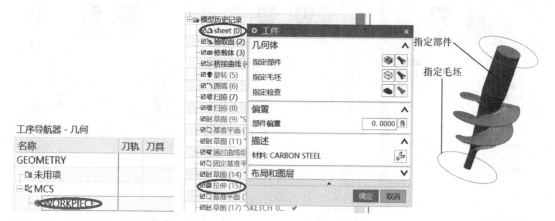

图 2-156　几何视图 WORKPIECE　　　图 2-157　WORKPIECE 设置对话框

5. 诱导轮开粗

（1）生成 KC1

1）创建工序。在程序顺序视图下，创建可变轮廓铣操作，"程序"选择"NC_PROGRAM"，
"刀具"选择"D10（铣刀 -5 参数）"，"几何体"选择"MCS"，"方法"选择"METHOD"，
"名称"设为"KC1"，如图 2-158 所示。单击"确定"，进入"可变轮廓铣 -[KC1]"对话框，
如图 2-159 所示。

诱导轮开粗

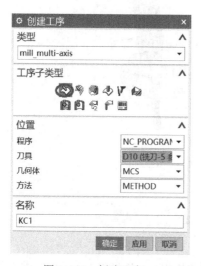

图 2-158　创建工序

图 2-159　"可变轮廓铣 -[KC1]"对话框

2）几何体设置。指定部件几何体选择零件模型中的"sheet0"面，如图 2-160 所示。

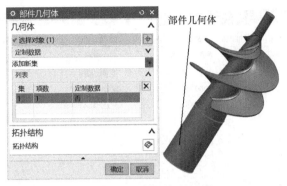

图 2-160　部件几何体设置

3）设置驱动方法。驱动方法选择"曲面区域"，单击可变轮廓铣驱动方法按钮，进入"曲面区域驱动方法"对话框（图 2-161）。设"切削模式"为"螺旋"、"步距"为"数量"、"步距数"为"10"。单击指定驱动体按钮，进入"驱动几何体"对话框，几何体选择零件模型中的"sheet0"面（图 2-162），其他设置默认。

图 2-161　"曲面区域驱动方法"对话框

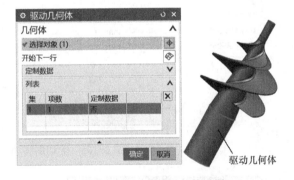

图 2-162　驱动几何体设置

4）投影矢量设置。"矢量"选择"刀轴"。

5）刀轴参数设置。"轴"选择"远离直线"，单击刀轴设置按钮，进入"远离直线"对话框，单击 X 轴，如图 2-163 所示。

6）刀轨设置。单击切削参数按钮，进入"切削参数"对话框，参数设置如图 2-164 所示。单击非切削移动按钮，进入"非切削移动"对话框，设置相关参数，如图 2-165 所示。单击进给率和速度按钮，进入"进给率和速度"对话框，设置参数，如图 2-166 所示。

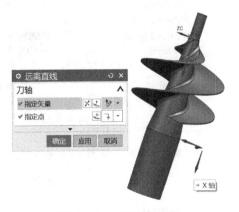

图 2-163　刀轴参数设置

7）生成 KC1 刀具轨迹，如图 2-167 所示。

图 2-164　切削参数设置

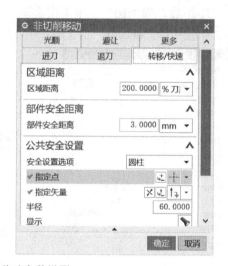

图 2-165　非切削移动参数设置

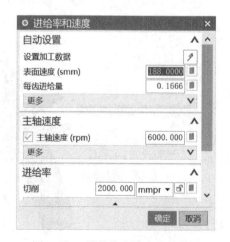

图 2-166　进给率和速度参数设置　　　　　图 2-167　KC1 刀具轨迹

（2）生成 KC2

1）几何体设置。几何体中的指定部件为零件模型中的"通过曲线组 12"，不设置检查几何体，如图 2-168 所示。

图 2-168　部件几何体设置

2）设置驱动方法。驱动方法选择"流线"，单击可变轮廓铣驱动方法按钮，进入"流线驱动方法"对话框（图 2-169）。在主菜单下依次单击"视图""显示和隐藏"功能，取消曲线隐藏，"流曲线"选择零件模型中的"草图 9"和"相交曲线 27"，"交叉曲线"选择零件模型中的"草图 29"，结果如图 2-170 所示。

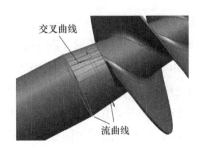

图 2-169　"流线驱动方法"对话框　　　　　图 2-170　流线驱动参数设置

3）刀轨设置。非切削移动、进给率和速度设置同 KC1，单击切削参数按钮 ⊿，进入"切削参数"对话框，参数设置如图 2-171 所示，其他设置默认。

4）其他标签设置同 KC1，生成 KC2 刀具轨迹，如图 2-172 所示。

图 2-171　切削参数设置

图 2-172　KC2 刀具轨迹

（3）生成 KC3

1）几何体设置。指定部件几何体选择零件模型中的"修剪体 3"，如图 2-173 所示。

图 2-173　部件几何体设置

2）设置驱动方法。驱动方法选择"曲面区域"，单击可变轮廓铣驱动方法按钮 ⊿，进入"曲面区域驱动方法"对话框（图 2-174）。设"切削模式"为"螺旋"、"步距"为"数量"、"步距数"为"6"。单击指定驱动体按钮 ◈，进入"驱动几何体"对话框，几何体选择零件模型中的"修剪体 3"（图 2-175），其他设置默认。

3）刀轨设置。非切削移动、进给率和速度设置同 KC1，单击切削参数按钮 ⊿，进入"切削参数"对话框，参数设置如图 2-176 所示，其他设置默认。

4）其他标签设置同 KC1，生成 KC3 刀具轨迹，如图 2-177 所示。

图 2-174 "曲面区域驱动方法"对话框

图 2-175 驱动几何体设置

图 2-176 切削参数设置

图 2-177 KC3 刀具轨迹

（4）生成 KC4

1）几何体设置。几何体中的检查几何体为零件模型中的"旋转 5"，如图 2-178 所示。

图 2-178 检查几何体设置

2）设置驱动方法。驱动方法选择"流线"，单击可变轮廓铣驱动方法按钮，进入"流线驱动方法"对话框（图 2-179）。在主菜单下依次单击"视图""显示和隐藏"功能，取消曲线隐藏，"流曲线"选择零件模型中的"草图 17"和"相交曲线 18"，结果如图 2-180 所示。

3）其他标签设置同 KC1，生成 KC4 刀具轨迹，如图 2-181 所示。

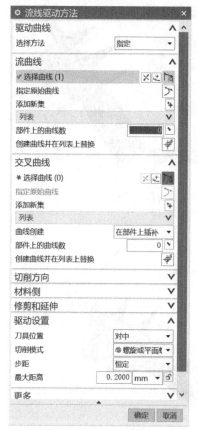

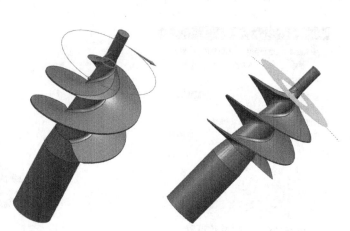

图 2-179　"流线驱动方法"对话框　　图 2-180　流线驱动参数设置　　图 2-181　KC4 刀具轨迹

（5）生成 KC5

1）几何体设置。几何体中的检查几何体为零件模型中的"旋转 5"，如图 2-182 所示。

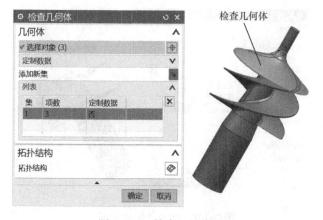

图 2-182　检查几何体设置

2）设置驱动方法。驱动方法选择"流线"，单击可变轮廓铣驱动方法按钮，进入"流线驱动方法"对话框（图 2-183）。在主菜单下依次单击"视图""显示和隐藏"功能，取消曲线隐藏，"流曲线"选择零件模型中的"相交曲线 20"和"草图 21"，结果如图 2-184 所示。

3）刀具更换为 D10R5，其他标签设置同 KC1，生成 KC5 刀具轨迹，如图 2-185 所示。

图 2-183　"流线驱动方法"对话框　　图 2-184　流线驱动参数设置　　图 2-185　KC5 刀具轨迹

（6）生成 KC6

1）几何体设置。指定部件几何体选择零件模型中的"旋转 5"，如图 2-186 所示。

2）设置驱动方法。驱动方法选择"曲面区域"，单击可变轮廓铣驱动方法按钮，进入"曲面区域驱动方法"对话框（图 2-187）。设"切削模式"为"往复"、"步距"为"数量"、"步距数"为"10"。单击指定驱动体按钮，进入"驱动几何体"对话框，几何体选择零件模型中的"旋转 5"面（图 2-188），其他设置默认。

3）刀具更换为 D10R5，其他标签设置同 KC1，生成 KC6 刀具轨迹，如图 2-189 所示。

（7）生成 KC7

1）设置驱动方法。驱动方法选择"曲面区域"，单击可变轮廓铣驱动方法按钮，进入"曲面区域驱动方法"对话框（图 2-190）。设"切削模式"为"往复"、"步距"为"数量"、"步距数"为"10"。单击指定驱动体按钮，进入"驱动几何体"对话框，几何体选择零件模型中的"旋转 5"面（图 2-191），其他设置默认。

2）刀具更换为 D10R5，其他标签设置同 KC1，生成 KC7 刀具轨迹，如图 2-192 所示。

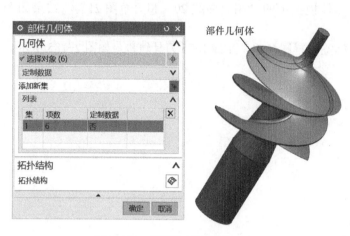

图 2-186 部件几何体设置

图 2-187 "曲面区域驱动方法"对话框

图 2-188 驱动几何体设置

图 2-189 KC6 刀具轨迹

图 2-190 "曲面区域驱动方法"对话框

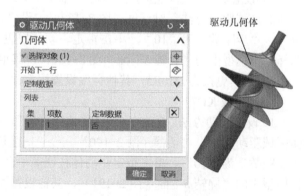

图 2-191 驱动几何体设置

（8）生成 KC8、KC9

1）几何体设置。指定部件几何体选择零件模型中的"扫掠 8"面，如图 2-193 所示。

图 2-192　KC7 刀具轨迹　　　　　　图 2-193　部件几何体设置

2）设置驱动方法。驱动方法选择"曲面区域"，单击可变轮廓铣驱动方法按钮，进入"曲面区域驱动方法"对话框（图 2-194）。设"切削模式"为"往复"、"步距"为"数量"、"步距数"为"5"。单击指定驱动体按钮，进入"驱动几何体"对话框，几何体选择零件模型中的"扫掠 8"（图 2-195），其他设置默认。

3）刀轨设置。非切削移动、进给率和速度设置同 KC1，单击切削参数按钮，进入"切削参数"对话框，参数设置如图 2-196 所示，其他设置默认。

4）其他标签设置同 KC7，生成 KC8 刀具轨迹，如图 2-197 所示。

5）复制刀轨。选中程序视图中的 KC8 刀轨，右击，依次选择"对象""变换…"（图 2-198），进入"变换"对话框，设置相关参数，单击"确定"按钮，结果如图 2-199 所示。

图 2-194　"曲面区域驱动方法"对话框　　　　　图 2-195　驱动几何体设置

图 2-196　切削参数设置

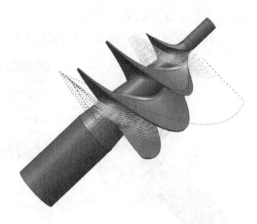

图 2-197　KC8 刀具轨迹

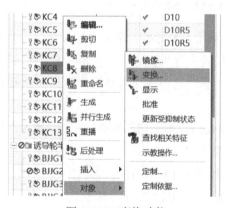

图 2-198　变换功能

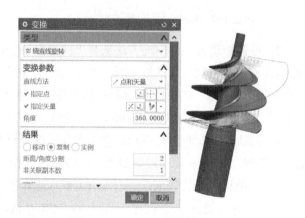

图 2-199　KC9 刀具轨迹

（9）生成 KC10、KC11

1）几何体设置。指定部件几何体选择零件模型中的"sheet0"面，如图 2-200 所示。

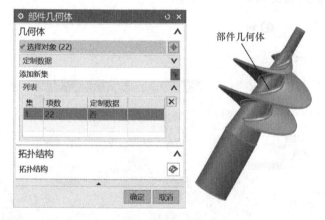

图 2-200　部件几何体设置

2）设置驱动方法。驱动方法选择"曲面区域"，单击可变轮廓铣驱动方法按钮，进入"曲面区域驱动方法"对话框（图 2-201）。设"切削模式"为"往复"、"步距"为"数量"、"步距数"为"10"。单击指定驱动体按钮，进入"驱动几何体"对话框，几何体选择零件模型中的"sheet0"面（图 2-202），其他设置默认。

图 2-201　"曲面区域驱动方法"对话框

图 2-202　驱动几何体设置

3）刀轨设置。非切削移动、进给率和速度设置同 KC8，单击切削参数按钮，进入"切削参数"对话框，参数设置如图 2-203 所示，其他设置默认。

4）其他标签设置同 KC8，生成 KC10 刀具轨迹，如图 2-204 所示。

图 2-203　切削参数设置

图 2-204　KC10 刀具轨迹

5）复制刀轨。选中程序视图中的 KC10 刀轨，右击，依次选择"对象""变换 ..."（图 2-205），进入"变换"对话框，设置相关参数，单击"确定"按钮，结果如图 2-206 所示。

（10）生成 KC12、KC13

1）设置驱动方法。驱动方法选择"曲面区域"，单击可变轮廓铣驱动方法按钮，进入"曲面区域驱动方法"对话框（图 2-207）。设"切削模式"为"往复"、"步距"为"数量"、"步距数"为"10"。单击指定驱动体按钮，进入"驱动几何体"对话框，几何体选择零件模型中的"sheet0"面（图 2-208），其他设置默认。

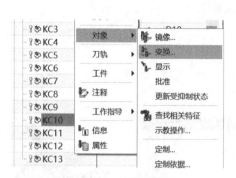

图 2-205　变换功能

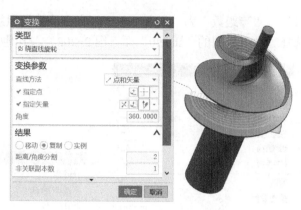

图 2-206　KC11 刀具轨迹

图 2-207　"曲面区域驱动方法"对话框

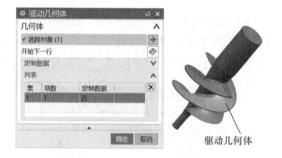

图 2-208　驱动几何体设置

2）刀轨设置。非切削移动、进给率和速度设置同 KC10，单击切削参数按钮 ，进入 "切削参数"对话框，参数设置如图 2-209 所示，其他设置默认。

3）其他标签设置同 KC10，生成 KC12 刀具轨迹，如图 2-210 所示。

图 2-209　切削参数设置

图 2-210　KC12 刀具轨迹

4）复制刀轨。选中程序视图中的 KC12 刀轨，右击，依次选择"对象""变换…"（图 2-211），进入"变换"对话框，设置相关参数，单击"确定"按钮，结果如图 2-212 所示。

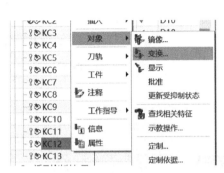

图 2-211　变换功能　　　　　　　　　　　　　图 2-212　KC13 刀具轨迹

6. 诱导轮半精加工

（1）生成 BJJG1 ～ BJJG9　基本设置和诱导轮开粗加工一样，只是把加工"部件余量"设为"0.0500"（图 2-213），"多刀路"选项卡设置默认即可。刀轨设置中，进给率和速度参数设置如图 2-214 所示，刀具轨迹如图 2-215 所示。

图 2-213　切削参数设置　　　　　　　　　　图 2-214　进给率和速度设置

（2）生成 BJJG10、BJJG11

1）创建工序。在程序顺序视图下，创建可变轮廓铣操作，"程序"选择"NC_PROGRAM"，"刀具"选择"D6R3（铣刀 -5 参数）"，"几何体"选择"MCS"，"方法"选择"METHOD"，"名称"设为"BJJG10"，如图 2-216 所示。单击"确定"，进入"可变轮廓铣 -[BJJG10]"对话框，如图 2-217 所示。

2）几何体设置。指定部件几何体选择零件模型中的"sheet0"片体，如图 2-218 所示。

3）设置驱动方法。驱动方法选择"曲面区域"，单击可变轮廓铣驱动方法按钮，进入"曲面区域驱动方法"对话框（图 2-219）。设"切削模式"为"往复"、"步距"为"数量"、"步距数"为"15"。单击指定驱动体按钮，进入"驱动几何体"对话框，几何体选择零件模型中的"扫掠 7"面（图 2-220），其他设置默认。

4）其他标签设置同 BJJG1，生成 BJJG10 刀具轨迹，如图 2-221 所示。

5）复制刀轨。选中程序视图中的"BJJG10"刀轨，右击，依次选择"对象""变换…"（图 2-222），进入"变换"对话框，设置相关参数，单击"确定"按钮，结果如图 2-223 所示。

图 2-215　BJJG1 ～ BJJG9
刀具轨迹

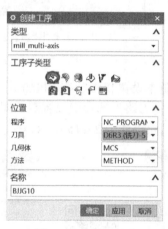

图 2-216　创建工序

图 2-217　"可变轮廓铣
-[BJJG10]"对话框

图 2-218　部件几何体设置

图 2-219　"曲面区域驱动方法"对话框

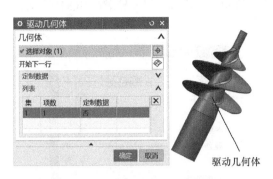

图 2-220　驱动几何体设置

图 2-221　BJJG10 刀具轨迹

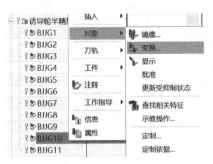

图 2-222　变换功能

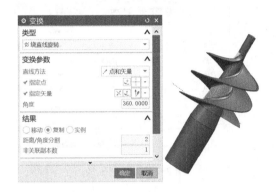

图 2-223　BJJG11 刀具轨迹

7. 诱导轮精加工

基本设置和诱导轮半精加工一样，只是把加工"部件余量"设为"0.0000"，如图 2-224 所示，JJG1 ～ JJG11 刀具轨迹如图 2-225 所示。

图 2-224　加工余量设置

图 2-225　JJG1 ～ JJG11 刀具轨迹

8. 清根加工

（1）生成 QG1、QG2

1）创建工序。在程序顺序视图下，创建可变轮廓铣操作，"程序"选择"毛坯开粗"，"刀具"选择"D6R3（铣刀 -5 参数）"，"几何体"选择"MCS"，"方法"选择"METHOD"，

"名称"设为"QG1",如图 2-226 所示。单击"确定",进入"可变轮廓铣 -[QG1]"对话框,如图 2-227 所示。

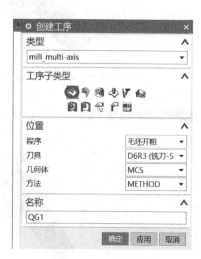

图 2-226 创建工序

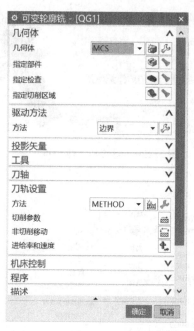

图 2-227 "可变轮廓铣 -[QG1]"对话框

2)几何体设置。指定部件几何体选择零件模型中的"sheet0",如图 2-228 所示。

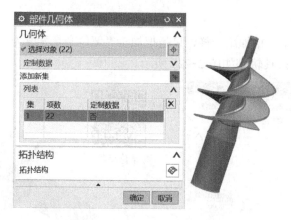

图 2-228 部件几何体设置

3)设置驱动方法。驱动方法选择"曲面区域",单击可变轮廓铣驱动方法按钮,进入"曲面区域驱动方法"对话框(图 2-229)。设"切削模式"为"往复"、"步距"为"数量"、"步距数"为"2"。单击指定驱动体按钮,进入"驱动几何体"对话框,几何体选择零件模型中的"sheet0"面(图 2-230),其他设置默认。

4)其他标签设置同精加工,生成 QG1 刀具轨迹,如图 2-231 所示。

5)复制刀轨。选中程序视图中的 QG1 刀轨,右击,依次选择"对象""变换 ..."(图 2-232),进入"变换"对话框,设置相关参数,单击"确定"按钮,结果如图 2-233 所示。

图 2-229　"曲面区域
驱动方法"对话框

图 2-230　驱动几何体设置

图 2-231　QG1 刀具
轨迹

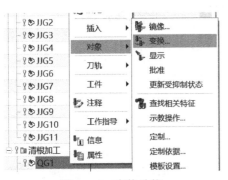

图 2-232　变换功能

图 2-233　QG2 刀具轨迹

（2）生成 QG3、QG4

基本设置同 QG1、QG2，不同在于驱动方法中的曲面区域设置如图 2-234 所示，QG3、QG4 刀具轨迹如图 2-235 所示。

图 2-234　驱动几何体设置

图 2-235　QG3、QG4 刀具轨迹

9．生成数控程序

1）在程序视图下，选中"诱导轮开粗加工"并右击，选择"后处理"（图 2-236），进入

"后处理"对话框,选择相应后处理文件,设置相关内容,如图 2-237 所示。单击"确定"按钮,得到诱导轮粗加工程序 CJG,如图 2-238 所示。

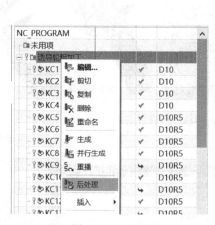

图 2-236   后处理

图 2-237   后处理设置

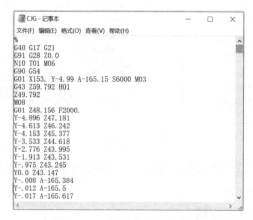

图 2-238   诱导轮粗加工程序

2)同理生成诱导轮半精加工至清根程序 BJJG、JJG、QGJG。

产品加工

2.3.4   仿真加工

1)进入 VERICUT 界面。启动 VERICUT 软件,在主菜单中依次选择"文件""新项目",进入"新的 VERICUT 项目"对话框,选择米制单位毫米,设置文件名为诱导轮加工.vcproject,如图 2-239 所示。单击"确定"按钮,进入仿真设置对话框,如图 2-240 所示。

2)设置工作目录。在主菜单中依次选择"文件""工作目录",在工作目录对话框中将路径设置为 X:\UG 多轴编程与 VERICUT 仿真加工应用实例参考资料 \ 四轴加工案例资料

\诱导轮加工案例资料\训练素材，以便于后续操作。

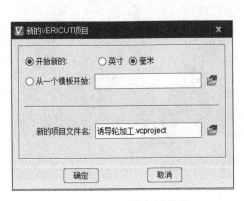

图 2-239　建立新项目

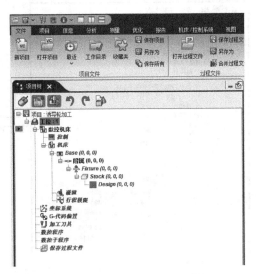

图 2-240　仿真设置对话框

3）安装机床控制系统文件。在仿真设置对话框左侧项目树中双击节点■ *控制*，在对话框中打开 X:\UG 多轴编程与 VERICUT 仿真加工应用实例参考资料\四轴加工案例资料\诱导轮加工案例资料\训练素材\fanuc-0i.ctl，如图 2-241 所示。

4）安装机床模型文件。在仿真设置对话框左侧项目树中双击节点🗗 *机床*，打开 X:\UG 多轴编程与 VERICUT 仿真加工应用实例参考资料\四轴加工案例资料\诱导轮加工案例资料\训练素材\机床 .xmch，结果如图 2-242 所示。

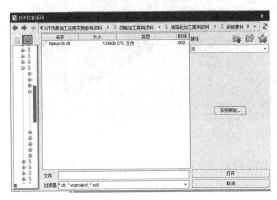

图 2-241　安装机床控制系统

图 2-242　安装机床模型

5）安装毛坯。在仿真设置对话框左侧项目树中选中节点🗇 *Stock (0, 0, 0)*，右击，依次选择"添加模型""模型文件"，打开 X:\UG 多轴编程与 VERICUT 仿真加工应用实例参考资料\四轴加工案例资料\诱导轮加工案例资料\训练素材\毛坯，结果如图 2-243 所示。

6）安装零件。在仿真设置对话框左侧项目树中选中节点🗄 *Design (0, 0, 0)*，右击，依次选择"添加模型""模型文件"，打开 X:\UG 多轴编程与 VERICUT 仿真加工应用实例参考资料\四轴加工案例资料\诱导轮加工案例资料\训练素材\零件，结果如图 2-244 所示。

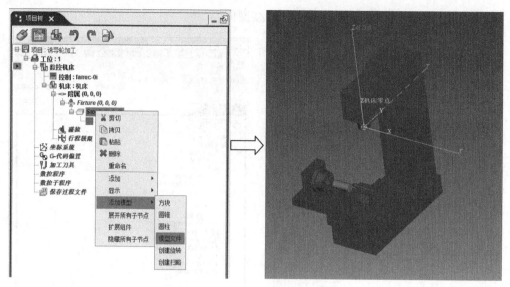

图 2-243　安装毛坯

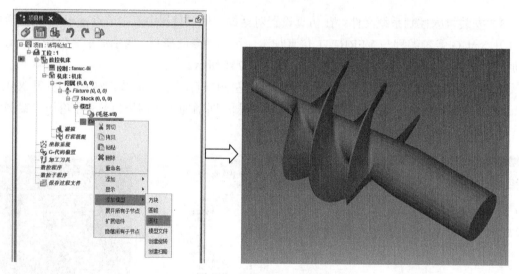

图 2-244　安装设计零件

7）设置对刀参数。根据后处理程序得知，本项目定义 G54 工作偏置，位置在毛坯左端面几何中心。

在仿真设置对话框左侧项目树中选中节点 🎯 **G-代码偏置**，在"G- 代码偏置"栏中，设定"偏置"为"工作偏置"，输入"寄存器"为"54"，单击 添加 按钮。注意在节点 🎯 **G-代码偏置** 下面出现了节点 **1:工作偏置 - 54 - 主轴到 Stock**，单击，在下面"配置 工作偏置"栏中设置相关参数。在"机床 / 切削模型"视图中右击，依次选择"显示所有轴""加工坐标原点"，再在仿真设置对话框右下方单击"重置模型"按钮 🔘，图形上显示了"对刀点"坐标系，结果如图 2-245 所示。

8）安装刀库文件及修改刀具补偿数值。在仿真设置对话框左侧项目树中选中节点 🔧 **加工刀具**，右击，选中"打开"，打开 X:\UG 多轴编程与 VERICUT 仿真加工应用实例参考资料\四轴加工案例资料\诱导轮加工案例资料\训练素材\诱导轮加工 .tls，注意"对刀点"设置应和刀号一致，如图 2-246 所示。

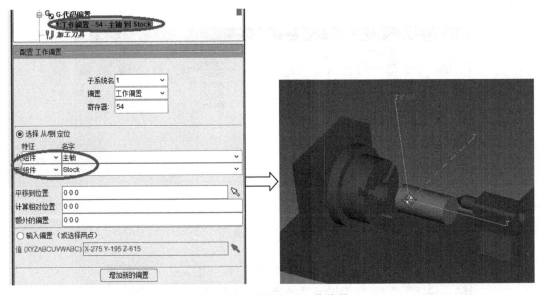

图 2-245　定义 G54 工作偏置

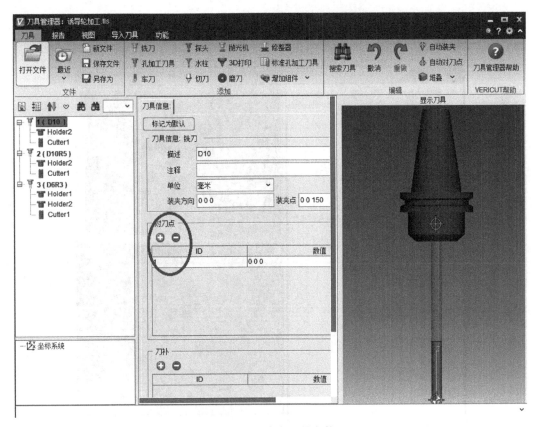

图 2-246　定义刀具参数

9）输入数控程序。在仿真设置对话框左侧项目树中双击节点 **数控程序** ，打开 X:\UG 多轴编程与 VERICUT 仿真加工应用实例参考资料＼四轴加工案例资料＼诱导轮加工案例资料＼训练素材＼目录下所有加工程序，如图 2-247 所示。

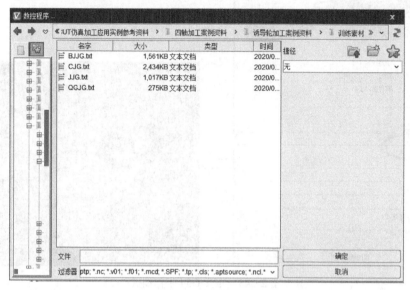

图 2-247　输入数控程序

10）执行仿真。在仿真设置对话框右下方单击"仿真到末端"按钮，进行加工仿真，结果如图 2-248 所示。

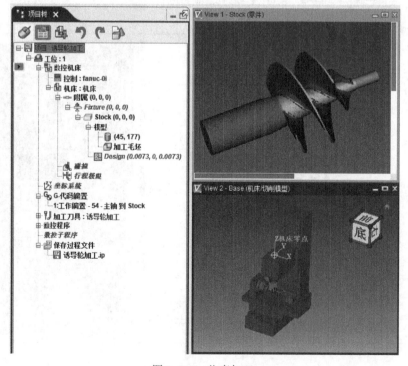

图 2-248　仿真加工

11）仿真结果存盘。

2.3.5　实体加工

1）安装刀具和毛坯。根据机床型号选择 BT40 刀柄，对照工序卡，安装刀具。所有刀具保证伸出长度 50mm。将自定心卡盘安装在加工中心工作台面上，使用百分表校准并固定，将毛坯夹紧。

2）对刀。零件加工原点设置在毛坯右端面中心。使用机械式寻边器，找正毛坯中心，并设置 G54 参数，使用 Z 向对刀仪，分别找正每把刀的 Z 向补偿值，并设置刀具补偿参数。

3）程序传输并加工。使用局域网将后处理得到的加工程序传输到加工中心的数控系统，设置机床为自动加工模式，按循环启动键，机床即开始自动加工零件，结果如图 2-249 所示。

图 2-249　实体加工

2.3.6　实例小结

通过诱导轮的实例编程学习，并根据本书提供的模型文件练习编程、仿真加工，深刻理解四轴加工诱导轮零件的工艺技巧。

1）诱导轮铣削加工过程中，为了保证实际加工工艺性和预测加工周期，铣削路径需要综合仿真优化。

2）传统诱导轮加工采用铸造技术，铸造成品率很低，质量不能保证；通过数控设备整体铣制，设计科学、合理的加工工艺方案和工艺装备，实现零件装夹、找正以及精加工，从而提高产品质量。

2.4 实例 4：叶轮的 UG NX 12.0 数控编程与 VERICUT 8.2.1 仿真加工

2.4.1 实例概况

案例导读　　　　加工准备

叶轮是航空发动机中的核心部件。叶轮的形状比较复杂，叶片与叶片之间一般会有加工干涉。由于其零件形状的特殊性，采用车削或三轴铣削都没法完成零件加工，只能采用多轴加工。

2.4.2 数控加工工艺分析

1. 零件分析

叶轮形状比较复杂，加工精度要求高，叶片属于薄壁零件，加工时容易产生变形，而且加工叶片时容易产生干涉。

2. 毛坯选用

零件材料为 A2618，尺寸为 $\phi130\text{mm}\times80\text{mm}$。零件长度、直径尺寸已经精加工到位，无须再加工。

3. 制订加工工序卡

选用四轴立式加工中心，自定心卡盘装夹，遵循先粗后精加工原则：粗加工⇒半精加工⇒精加工⇒清根。零件加工程序单见表 2-4。

表 2-4　零件加工程序单

加工单位	零件名称	零件图号	批次	页次	共 1 页	程序原点	
数控中心	叶轮	2-4			第 1 页		
工序名称	设备	加工数量	计划用时 /h				
铣叶形	AVL650e	1					
工位	材料	工装号	实际用时 /h				
MC	A2618						
序号	程序名	加工内容	刀具号	刀具规格	S 转速 / (r/min)	F 进给量 / (mm/min)	
1	A1	毛坯开粗	T01	D16	8000	4000	
2	A2	叶槽开粗	T02	D10	8000	5000	
3	A3	叶片半精加工	T03	D6R3	8000	4000	
4	A4	轮毂面半精加工	T03	D6R3	8000	4000	
5	A5	叶片精加工	T03	D6R3	8000	4000	
6	A6	轮毂面精加工	T03	D6R3	8000	4000	
7	A7	包覆面精加工	T03	D6R3	8000	4000	
8	QG	清根	T03	D6R3	8000	2000	
编程：		仿真：		审核：		批准：	

2.4.3　编制加工程序

1. 创建项目

1）打开 X:\UG 多轴编程与 VERICUT 仿真加工应用实例参考资料 \ 四轴加工案例资料 \
叶轮加工案例资料 \ 训练素材 \ 叶轮加工案例 .prt。

2）设置加工环境，进入加工模块，如图 2-250 所示。

2. 创建刀具

精铣刀具的选择要根据零件最小 R 角（一般是叶片根部圆角）来确定。在主菜单下
依次单击"分析""最小半径"，弹出"最小半径"对话框，选择叶片根部的圆角，如图
2-251 所示；单击"确定"，弹出"信息"对话框，显示最小半径为 3.050000000mm，如图
2-252 所示。在"工序导航器 - 机床"对话框中，创建所有刀具，如图 2-253 所示，具体参
数设置如图 2-254 所示。

图 2-250　设置加工环境

图 2-251　选择叶片根部圆角

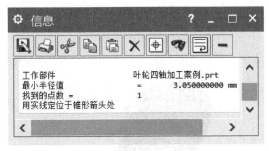

图 2-252　显示最小半径

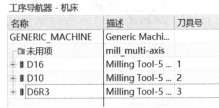

图 2-253　创建刀具

3. 设置加工坐标系

1）在"工序导航器 - 几何"对话框中，双击加工坐标系节点"MCS"，如图 2-255 所示，
进入机床坐标系对话框。

2）指定 MCS。加工坐标系零点设在叶轮顶部中心，调整结果如图 2-256 所示。

3）安全设置。"安全设置选项"选"球"，以叶轮底面中心为球心，创建半径为 120.0000

的球面，如图 2-257 所示。

4）细节设置。"用途"选"主要"，设定为主加工坐标系；"装夹偏置"设为"1"，设定工件偏置为 G54。

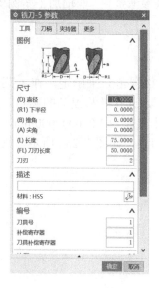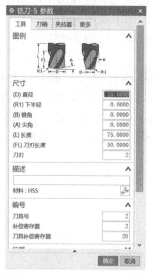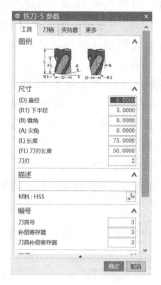

图 2-254　设置刀具参数

图 2-255　几何视图 MCS

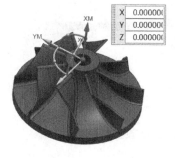

图 2-256　MCS 调整结果

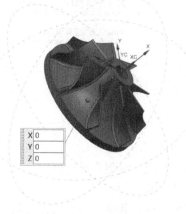

图 2-257　安全设置

4. 设置铣削几何体

在"工序导航器 - 几何"对话框中，双击"WORKPIECE"节点（图 2-258），进入"铣削几何体"对话框，如图 2-259 所示，"指定部件"选择零件模型中的"体 24"，"指定毛坯"选择零件模型中的"体 2"。

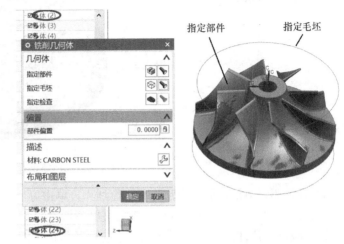

工序导航器 - 几何

名称	刀轨	刀具
GEOMETRY		
🗀 未用项		
🗁 MCS		
WORKPIECE		

图 2-258 几何视图 WORKPIECE

图 2-259 WORKPIECE 设置界面

5. 毛坯开粗

（1）生成 KC11

1）创建工序。在程序顺序视图下，创建可变轮廓铣操作，"程序"选择"NC_PROGRAM"，"刀具"选择"D16（铣刀 -5 参数）"，"几何体"选择"MCS"，"方法"选择"METHOD"，"名称"设为"KC11"，如图 2-260 所示。单击"确定"，进入"可变轮廓铣 -[KC11]"对话框，如图 2-261 所示。

叶轮开粗

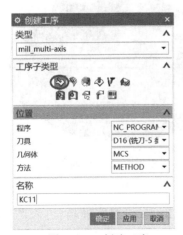

图 2-260 创建工序

图 2-261 "可变轮廓铣 -[KC11]"对话框

2）几何体设置。指定检查几何体选择零件模型中的"体3"，如图 2-262 所示。

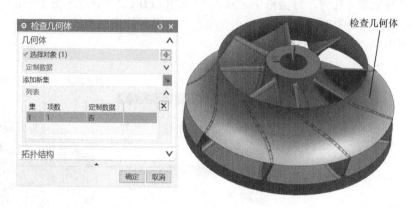

图 2-262　检查几何体设置

3）设置驱动方法。驱动方法选择"流线"，单击可变轮廓铣驱动方法按钮⬧，进入"流线驱动方法"对话框（图 2-263）。在主菜单下依次单击"视图""显示和隐藏"功能，取消曲线隐藏，"流曲线"选择图 2-264 中的两条带箭头曲线，其他设置默认。

图 2-263　"流线驱动方法"对话框

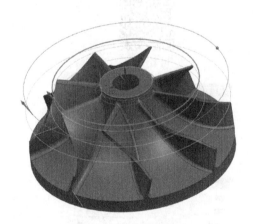

图 2-264　选择流曲线

4）投影矢量设置。"矢量"选择"刀轴"。

5）刀轴参数设置。"轴"选择"远离直线"，单击刀轴设置按钮⬧，进入"远离直线"对话框，单击 X 轴，如图 2-265 所示。

图 2-265　刀轴参数设置

6）刀轨设置。单击切削参数按钮 ⬚，进入"切削参数"对话框，参数设置如图 2-266 所示。单击非切削移动按钮 ⬚，进入"非切削移动"对话框，设置进刀参数，如图 2-267 所示。单击进给率和速度按钮 ⬆，进入"进给率和速度"对话框，设置参数，如图 2-268 所示。

7）生成 KC11 刀具轨迹，如图 2-269 所示。

图 2-266　切削参数设置

图 2-267　非切削移动进刀参数设置

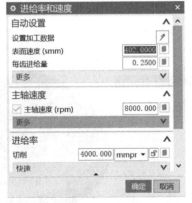

图 2-268　进给率和速度参数设置

图 2-269　KC11 刀具轨迹

（2）生成 KC12

1）基本设置和 KC11 流程一样，区别在于驱动方法中的流线设置曲线，如图 2-270 所示。

2）生成 KC12 刀具轨迹，如图 2-271 所示。

图 2-270　驱动参数设置　　　　　图 2-271　KC12 刀具轨迹

（3）生成 KC13

1）几何体设置。几何体中的指定部件为零件模型中的"体 3"，不设置检查几何体，如图 2-272 所示。

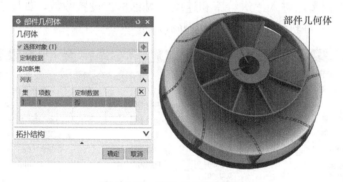

图 2-272　部件几何体设置

2）设置驱动方法。驱动方法选择"曲面区域"，单击可变轮廓铣驱动方法按钮，进入"曲面区域驱动方法"对话框（图 2-273）。设"切削模式"为"螺旋"、"步距"为"数量"、"步距数"为"120"。单击指定驱动体按钮，进入"驱动几何体"对话框，几何体选择零件模型中的"体 3"（图 2-274），其他设置默认。

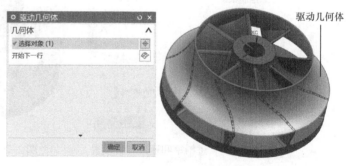

图 2-273　"曲面区域驱动方法"对话框　　　　　图 2-274　驱动几何体设置

3）刀轨设置。非切削移动、进给率和速度设置同 KC12，单击切削参数按钮，进入"切削参数"对话框，参数设置如图 2-275 所示，其他设置默认。

4）其他标签设置同 KC11，生成 KC13 刀具轨迹，如图 2-276 所示。

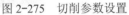

图 2-275 切削参数设置

图 2-276 KC13 刀具轨迹

（4）生成 KC14

1）几何体设置。几何体中的指定部件为零件模型中的"体 7"，不设置检查几何体，如图 2-277 所示。

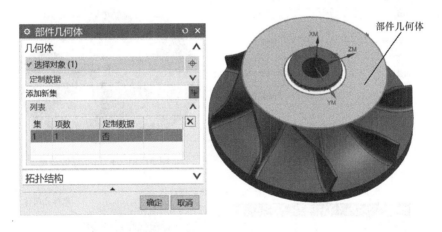

图 2-277 部件几何体设置

2）设置驱动方法。驱动方法选择"曲面区域"，单击可变轮廓铣驱动方法按钮📌，进入"曲面区域驱动方法"对话框（图 2-278）。设"切削模式"为"螺旋"、"步距"为"数量"、"步距数"为"100"。单击指定驱动体按钮🗓，进入"驱动几何体"对话框，几何体选择零件模型中的"体 7"（图 2-279），其他设置默认。

3）刀轨设置。非切削移动、进给率和速度设置同 KC13，单击切削参数按钮🖅，进入"切削参数"对话框，参数设置如图 2-280 所示，其他设置默认。

4）其他标签设置同 KC11，生成 KC14 刀具轨迹，如图 2-281 所示。

（5）生成 KC15

1）几何体设置。几何体中的指定部件为零件模型中的"体 7"，不设置检查几何体，如图 2-282 所示。

图 2-278 "曲面区域驱动方法"对话框

图 2-279 驱动几何体设置

图 2-280 切削参数设置

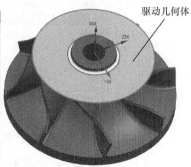

图 2-281 KC14 刀具轨迹

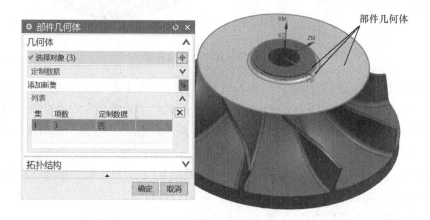

图 2-282 部件几何体设置

2）设置驱动方法。驱动方法选择"曲面区域"，单击可变轮廓铣驱动方法按钮，进入"曲面区域驱动方法"对话框（图 2-283）。设"切削模式"为"螺旋"、"步距"为"数量"、"步距数"为"20"。单击指定驱动体按钮 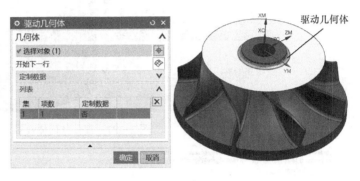，进入"驱动几何体"对话框，几何体选择零件模型中的"体 7"（图 2-284），其他设置默认。

图 2-283　"曲面区域驱动方法"对话框　　　　图 2-284　驱动几何体设置

3）刀轨设置。切削参数、进给率和速度设置同 KC13，单击非切削移动按钮 ，进入"非切削移动"对话框，"安全设置选项"选择"使用继承的"，如图 2-285 所示，其他设置默认。

4）其他标签设置同 KC11，生成 KC15 刀具轨迹，如图 2-286 所示。

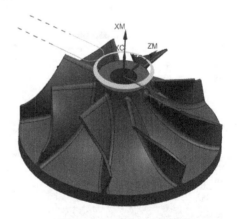

图 2-285　非切削移动参数设置　　　　　　　图 2-286　KC15 刀具轨迹

（6）生成 KC16

1）几何体设置。几何体中的指定部件为零件模型中的"体 7"，不设置检查几何体，如图 2-287 所示。

2）设置驱动方法。驱动方法选择"曲面区域"，单击可变轮廓铣驱动方法按钮 ，进入"曲面区域驱动方法"对话框（图 2-288）。设"切削模式"为"螺旋"、"步距"设为"数量"、"步距数"为"10"。单击指定驱动体按钮 ，进入"驱动几何体"对话框，几何体选择零件模型中的"体 7"（图 2-289），其他设置默认。

3）刀轨设置。切削参数、进给率和速度设置同 KC13，单击非切削移动按钮 ，进入"非切削移动"对话框，"安全设置选项"选择"使用继承的"，如图 2-290 所示，其他设置默认。

4）其他标签设置同 KC11，生成 KC16 刀具轨迹，如图 2-291 所示。

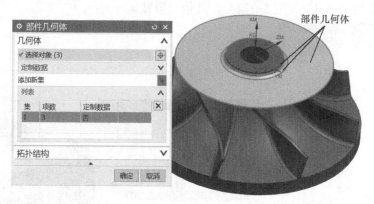

图 2-287　部件几何体设置

图 2-288　"曲面区域驱动方法"对话框

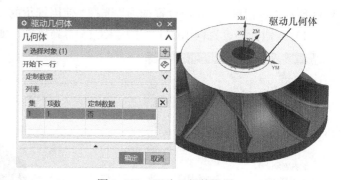

图 2-289　驱动几何体设置

图 2-290　非切削移动参数设置

图 2-291　KC16 刀具轨迹

6. 叶槽开粗

（1）创建工序　在程序顺序视图下，创建型腔铣操作，"程序"选择"NC_PROGRAM"，"刀具"选择"D10（铣刀-5 参数）"，"几何体"选择"MCS"，"方法"选择"METHOD"，"名称"设为"KC21"，如图 2-292 所示。单击"确定"，进入"型腔铣-[KC21]"对话框，如图 2-293 所示。

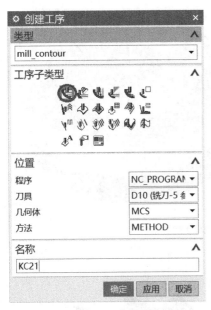

图 2-292　创建工序

图 2-293　"型腔铣-[KC21]"对话框

（2）几何体设置　指定部件几何体选择零件模型中的"体 11"和"体 24"，如图 2-294 所示。指定毛坯几何体选择零件模型中的"体 14"，如图 2-295 所示。指定修剪边界几何体选择零件模型中的"体 11"中的曲线，如图 2-296 所示。

（3）刀轴参数设置　"轴"选择"+ZM 轴"，如图 2-297 所示。

（4）刀轨设置　基础设置如图 2-298 所示。单击切削层按钮 ，进入切削层参数设置对话框，参数设置如图 2-299 所示。单击切削参数按钮 ，进入"切削参数"对话框，参数设置如图 2-300 所示。单击非切削移动按钮 ，进入"非切削移动"对话框，设置相关参数，如图 2-301 所示。单击进给率和速度按钮 ，进入"进给率和速度"对话框，设置参数，如图 2-302 所示。

（5）生成 KC21 刀具轨迹　如图 2-303 所示。

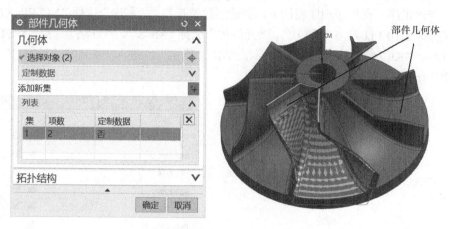

图 2-294　部件几何体设置

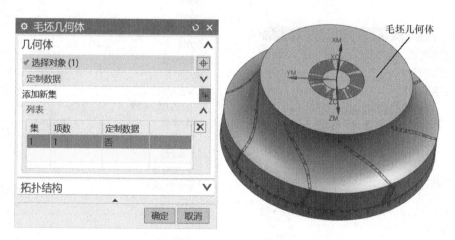

图 2-295　毛坯几何体设置

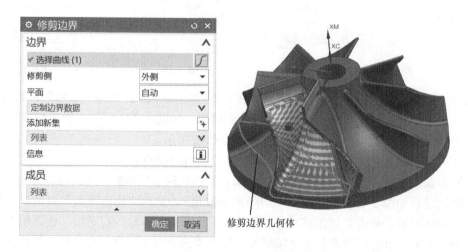

图 2-296　修剪边界几何体设置

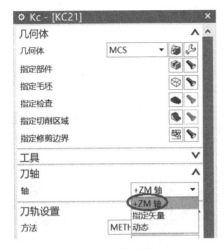

图 2-297　刀轴参数设置

图 2-298　刀轨基础设置

图 2-299　切削层参数设置

图 2-300　切削参数设置

图 2-301　非切削移动参数设置

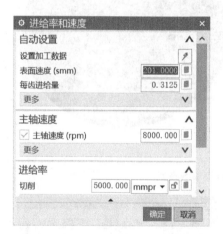

图 2-302　进给率和速度参数设置

图 2-303　KC21 刀具轨迹

（6）复制刀轨　选中程序视图中的 KC21 刀轨，右击，依次选择"对象""变换…"（图 2-304），进入"变换"对话框，设置相关参数，单击"确定"按钮，结果如图 2-305 所示。

7．叶片半精加工

（1）创建工序　在程序顺序视图下，创建可变轮廓铣操作，"程序"选择"NC_PROGRAM"，"刀具"选择"D6R3（铣刀 -5 参数）"，"几何体"选择"MCS"，"方法"选择"METHOD"，"名称"设为"YPBJ1"，如图 2-306 所示。单击"确定"，进入"可变轮廓铣 -[YPBJ1]"对话框，如图 2-307 所示。

（2）几何体设置　指定部件几何体选择零件模型中的"体 24"和"体 25"，如图 2-308 所示。

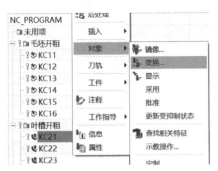

图 2-304　变换功能

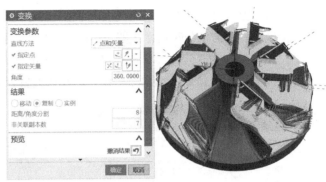

图 2-305　KC22 ～ KC28 刀具轨迹

叶轮半精加工

图 2-306　创建工序

图 2-307　"可变轮廓铣 -[YPBJ1]"对话框

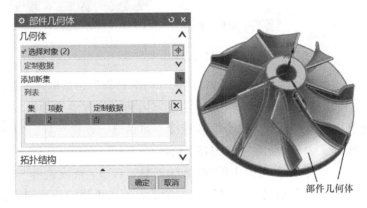

图 2-308　部件几何体设置

（3）设置驱动方法　驱动方法选择"曲面区域"，单击可变轮廓铣驱动方法按钮，进入"曲面区域驱动方法"对话框（图 2-309）。设"切削模式"为"往复"、"步距"为"数量"、"步距数"为"50"。单击指定驱动体按钮，进入"驱动几何体"对话框，几何体选择零件模型中的"体 25"（图 2-310），其他设置默认。

图 2-309　"曲面区域驱动方法"对话框

图 2-310　驱动几何体设置

（4）投影矢量设置　"矢量"选择"刀轴"。

（5）刀轴参数设置　"轴"选择"4 轴，相对于驱动体"，单击刀轴设置按钮，进入"4 轴，相对于驱动体"对话框，单击 X 轴，如图 2-311 所示。

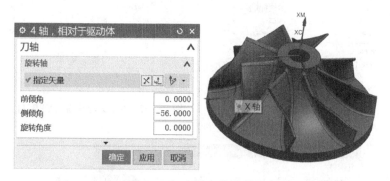

图 2-311　刀轴参数设置

（6）刀轨设置　单击切削参数按钮，进入"切削参数"对话框，参数设置如图 2-312 所示。单击非切削移动按钮，进入"非切削移动"对话框，设置进刀参数，如图 2-313 所示。单击进给率和速度按钮，进入"进给率和速度"对话框，设置参数，如图 2-314 所示。

（7）生成 YPBJ1 刀具轨迹　如图 2-315 所示。

（8）复制刀轨　选中程序视图中的 YPBJ1 刀轨，右击，依次选择"对象""变换…"（图 2-316），进入"变换"对话框，设置相关参数，单击"确定"按钮，结果如图 2-317 所示。

图 2-312　切削参数设置

图 2-313　非切削移动进刀参数设置

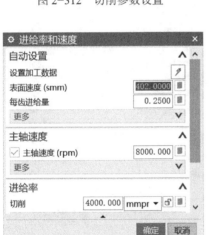

图 2-314　进给率和速度参数设置

图 2-315　YPBJ1 刀具轨迹

图 2-316　变换功能

图 2-317　YPBJ2 ～ YPBJ8 刀具轨迹

8. 轮毂面半精加工

（1）轮毂大面半精加工

1）创建工序。在程序顺序视图下，创建可变轮廓铣操作，"程序"选择"毛坯开粗"，"刀具"选择"D6R3（铣刀 -5 参数）"，"几何体"选择"MCS"，"方法"选择"METHOD"，"名称"设为"LGMBJ1"如图 2-318 所示。单击"确定"，进入"可变轮廓铣 -[LGMBJ1]"对话框，如图 2-319 所示。

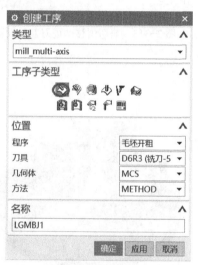

图 2-318　创建工序　　　　　　图 2-319　"可变轮廓铣 -[LGMBJ1]"对话框

2）几何体设置。指定部件几何体选择零件模型中的"体 27"，如图 2-320 所示。

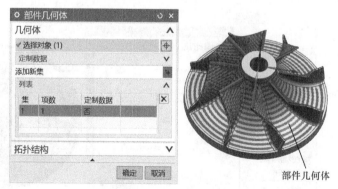

图 2-320　部件几何体设置

3）设置驱动方法。驱动方法选择"流线"，单击可变轮廓铣驱动方法按钮，进入"流线驱动方法"对话框（图 2-321）。在主菜单下依次单击"视图""显示和隐藏"功能，取消曲线隐藏，"流曲线"选择图 2-322 中的两条带箭头的曲线，其他设置默认。

图 2-321　"流线驱动方法"对话框　　　　　图 2-322　流线驱动参数设置

4）投影矢量设置。"矢量"选择"刀轴"。

5）刀轴参数设置。"轴"选择"4 轴，相对于驱动体"，单击刀轴设置按钮，进入"4 轴，相对于驱动体"对话框，单击 X 轴，如图 2-323 所示。

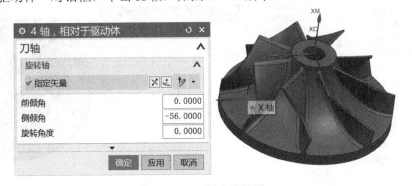

图 2-323　刀轴参数设置

6）刀轨设置。单击切削参数按钮🔲，进入"切削参数"对话框，参数设置如图2-324所示。单击非切削移动按钮🔲，进入"非切削移动"对话框，设置进刀参数，如图2-325所示。单击进给率和速度按钮🔧，进入"进给率和速度"对话框，设置参数，如图2-326所示。

7）生成 LGMBJ1 刀具轨迹，如图2-327所示。

图 2-324　切削参数设置

图 2-325　非切削移动进刀参数设置

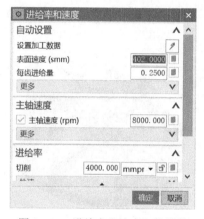

图 2-326　进给率和速度参数设置

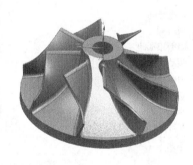

图 2-327　LGMBJ1 刀具轨迹

8）复制刀轨。选中程序视图中的 LGMBJ1 刀轨，右击，依次选择"对象""变换 ..."（图2-328），进入"变换"对话框，设置相关参数，单击"确定"按钮，结果如图2-329所示。

图 2-328　变换功能

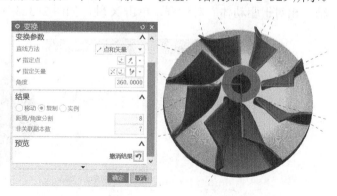

图 2-329　LGMBJ2 ～ LGMBJ8 刀具轨迹

（2）轮毂小面半精加工

1）设置驱动方法。驱动方法选择"曲面区域"，单击可变轮廓铣驱动方法按钮，进入"曲面区域驱动方法"对话框（图 2-330）。设"切削模式"为"往复"、"步距"为"数量"、"步距数"为"50"。单击指定驱动体按钮，进入"驱动几何体"对话框，几何体选择零件模型中的"体 29"（图 2-331），其他设置默认。

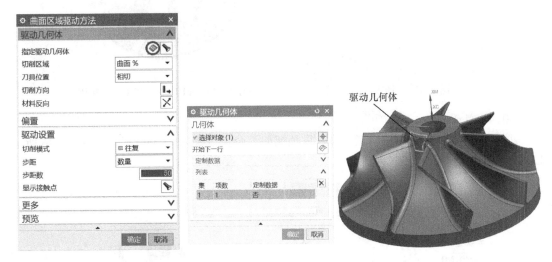

图 2-330 "曲面区域驱动方法"对话框   图 2-331 驱动几何体设置

2）其余设置和 LGMBJ1 流程一样，生成 LGMBJ11 刀具轨迹，如图 2-332 所示。

3）复制刀轨。选中程序视图中的 LGMBJ11 刀轨，右击，依次选择"对象""变换…"，进入"变换"对话框，设置相关参数，单击"确定"按钮，结果如图 2-333 所示。

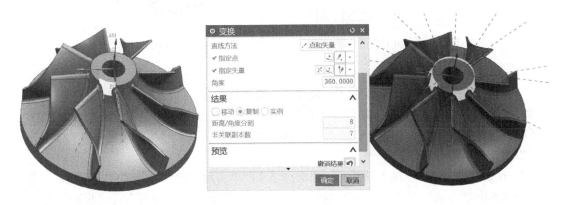

图 2-332 LGMBJ11 刀具轨迹   图 2-333 LGMBJ21 ～ LGMBJ81 刀具轨迹

9. 叶片精加工

基本设置和叶片半精加工一样，只是把加工余量设置为"0.0000"，如图 2-334 所示；YPJ1 ～ YPJ8 刀具轨迹如图 2-335 所示。

图 2-334　加工余量设置

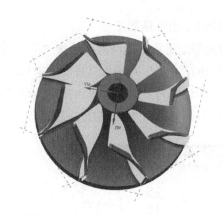

图 2-335　YPJ1 ～ YPJ8 刀具轨迹

10. 轮毂面精加工

基本设置和轮毂面半精加工一样，只是把加工余量设置为 "0.0000"，如图 2-336 所示；
LGMJ 刀具轨迹如图 2-337 所示。

图 2-336　加工余量设置

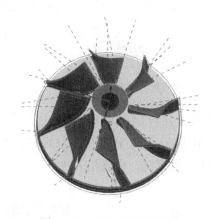

图 2-337　LGMJ 刀具轨迹

11. 叶片周面精加工

1）创建工序。在程序顺序视图下，创建可变轮廓铣操作，"程序"选择"毛坯开粗"，
"刀具"选择"D6R3（铣刀 -5 参数）"，"几何体"选择"MCS"，"方法"选择"METHOD"，
"名称"设为"YZJ1"，如图 2-338 所示。单击"确定"，进入"可变轮廓铣 -[YZJ1] 对话
框，如图 2-339 所示。

2）设置驱动方法。驱动方法选择"曲面区域"，单击可变轮廓铣驱动方法按钮 ，进入
"曲面区域驱动方法"对话框（图 2-340）。设"切削模式"为"往复"、"步距"为"数
量"、"步距数"为"25"。单击指定驱动体按钮 ，进入"驱动几何体"对话框，几何体
选择零件模型中的"体 20"（图 2-341），其他设置默认。

3）投影矢量设置。"矢量"选择"刀轴"。

4）刀轴参数设置。"轴"选择"远离直线"，单击刀轴设置按钮 ，进入"远离直线"
对话框，单击 X 轴，如图 2-342 所示。

叶轮精加工

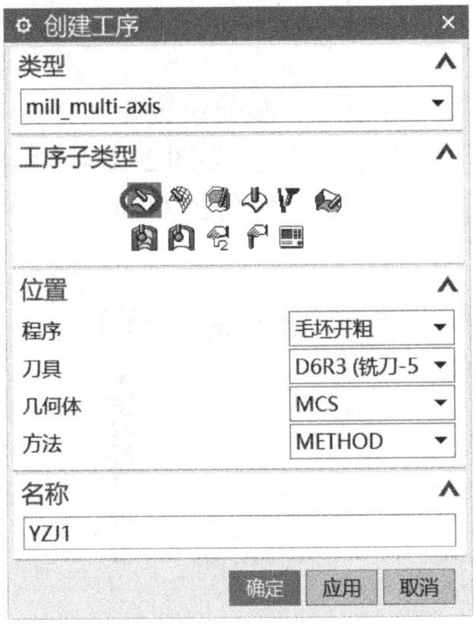

图 2-338 创建工序

图 2-339 "可变轮廓铣 -[YZJ1]"对话框

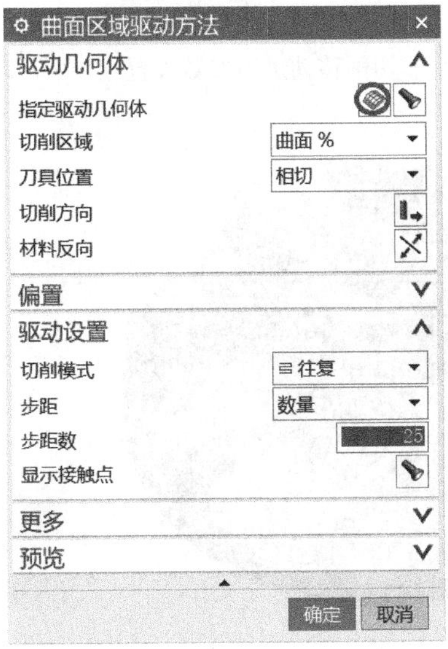

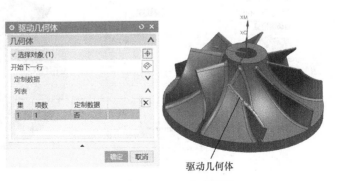

图 2-340 "曲面区域驱动方法"对话框

图 2-341 驱动几何体设置

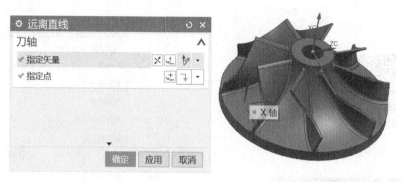

图 2-342　刀轴参数设置

5）刀轨设置。单击切削参数按钮▣，进入"切削参数"对话框，参数设置如图 2-343 所示。单击非切削移动按钮▣，进入"非切削移动"对话框，设置进刀参数，如图 2-344 所示。单击进给率和速度按钮▣，进入"进给率和速度"对话框，设置参数，如图 2-345 所示。

6）生成 YZJ1 刀具轨迹，如图 2-346 所示。

图 2-343　切削参数设置

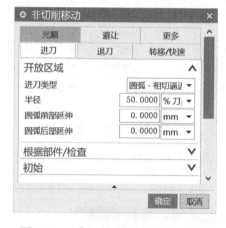

图 2-344　非切削移动进刀参数设置

图 2-345　进给率和速度参数设置

图 2-346　YZJ1 刀具轨迹

7）复制刀轨。选中程序视图中的 YZJ1 刀轨，右击，依次选择"对象""变换…"（图 2-347），进入"变换"对话框，设置相关参数，单击"确定"按钮，结果如图 2-348 所示。

图 2-347　变换功能

图 2-348　YZJ2 ~ YZJ8 刀具轨迹

12. 清根加工

1）创建工序。在程序顺序视图下，创建可变轮廓铣操作，"程序"选择"毛坯开粗"，"刀具"选择"D6R3（铣刀-5 参数）"，"几何体"选择"MCS"，"方法"选择"METHOD"，"名称"设为"QG1"，如图 2-349 所示。单击"确定"，进入"可变轮廓铣 -[QG1] 对话框，如图 2-350 所示。

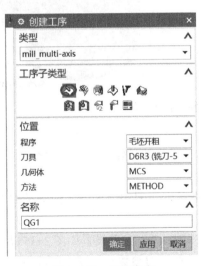

图 2-349　创建工序

图 2-350　"可变轮廓铣 -[QG1]"对话框

2）几何体设置。指定部件几何体选择零件模型中的"体 27"，如图 2-351 所示。

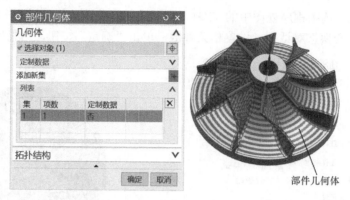

图 2-351　部件几何体设置

3）设置驱动方法。驱动方法选择"曲面区域"，单击可变轮廓铣驱动方法按钮，进入"曲面区域驱动方法"对话框（图 2-352）。设"切削模式"为"往复"、"步距"为"数量"、"步距数"为"0"。单击指定驱动体按钮，进入"驱动几何体"对话框，几何体选择零件模型中的"体 27"（图 2-353），其他设置默认。

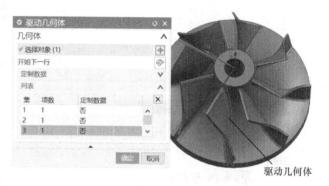

图 2-352　"曲面区域驱动方法"对话框

图 2-353　驱动几何体设置

4）投影矢量设置。"矢量"选择"刀轴"。

5）刀轴参数设置。"轴"选择"插补矢量"，单击刀轴设置按钮，进入"插补矢量"对话框，如图 2-354 所示。

提示：首先调整叶轮轴线为水平，俯视视图，在不发生碰刀的前提下，沿驱动面区域依次选择数个插补位置，确保刀轨环绕 X 轴。

6）刀轨设置。单击切削参数按钮，进入"切削参数"对话框，参数设置如图 2-355 所示。单击非切削移动按钮，进入"非切削移动"对话框，设置进刀参数，如图 2-356 所示。单击进给率和速度按钮，进入"进给率和速度"对话框，设置参数，如图 2-357 所示。

7）生成 QG1 刀具轨迹，如图 2-358 所示。

8）复制刀轨。选中程序视图中的 QG1 刀轨，右击，依次选择"对象""变换 ..."（图 2-359），进入"变换"对话框，设置相关参数，单击"确定"按钮，结果如图 2-360 所示。

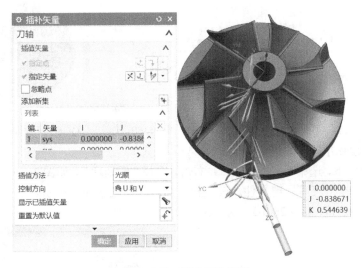

图 2-354　刀轴参数设置

图 2-355　切削参数设置

图 2-356　非切削移动进刀参数设置

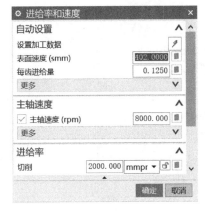

图 2-357　进给率和速度参数设置

图 2-358　QG1 刀具轨迹

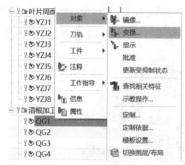

图 2-359 变换功能

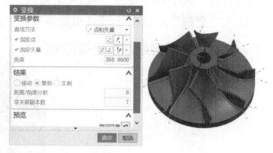

图 2-360 QG2 ～ QG8 刀具轨迹

13. 生成数控程序

1）在程序视图下，选中"毛坯开粗"并右击，选择"后处理"，如图 2-361 所示；进入"后处理"对话框，选择相应后处理文件，设置相关内容，如图 2-362 所示。单击"确定"按钮，得到毛坯开粗程序 A1，如图 2-363 所示。

图 2-361 后处理

图 2-362 后处理设置

图 2-363 毛坯开粗程序 A1

2）同理生成叶槽开粗至清根程序 A2 ～ A7、QG。

2.4.4　仿真加工

1）进入 VERICUT 界面。启动 VERICUT 软件，在主菜单中依次选择"文件""新项目"，进入"新的 VERICUT 项目"对话框，选择米制单位毫米，设置文件名为叶轮加工 .vcproject，如图 2-364 所示。单击"确定"按钮，进入仿真设置对话框，如图 2-365 所示。

产品加工

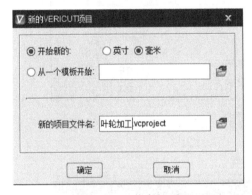

图 2-364　建立新项目

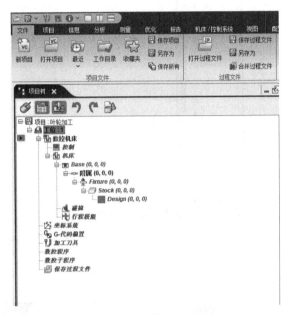

图 2-365　仿真设置对话框

2）设置工作目录。在主菜单中依次选择"文件""工作目录"，在工作目录对话框中将路径设置为 X:\UG 多轴编程与 VERICUT 仿真加工应用实例参考资料 \ 四轴加工案例资料 \ 叶轮加工案例资料 \ 训练素材，以便于后续操作。

3）安装机床控制系统文件。在仿真设置对话框左侧项目树中双击节点 ▇ 控制，在对话框中打开 X:\UG 多轴编程与 VERICUT 仿真加工应用实例参考资料 \ 四轴加工案例资料 \ 叶轮加工案例资料 \ 训练素材 \ fanuc-0i.ctl，如图 2-366 所示。

4）安装机床模型文件。在仿真设置对话框左侧项目树中双击节点 ▇ 机床，打开 X:\UG 多轴编程与 VERICUT 仿真加工应用实例参考资料 \ 四轴加工案例资料 \ 叶轮加工案例资料 \ 训练素材 \ 机床 .xmch，结果如图 2-367 所示。

5）安装毛坯。在仿真设置对话框左侧项目树中选中节点 ▇ Stock (0, 0, 0)，右击，依次选择"添加模型""模型文件"，打开 X:\UG 多轴编程与 VERICUT 仿真加工应用实例参考资料 \ 四轴加工案例资料 \ 叶轮加工案例资料 \ 训练素材 \ 毛坯，结果如图 2-368 所示。

6）安装零件。在仿真设置对话框左侧项目树中选中节点 ▇ Design (0, 0, 0)，右击，依次选择"添加模型""模型文件"，打开 X:\UG 多轴编程与 VERICUT 仿真加工应用实例参考资料 \ 四轴加工案例资料 \ 叶轮加工案例资料 \ 训练素材 \ 零件，结果如图 2-369 所示。

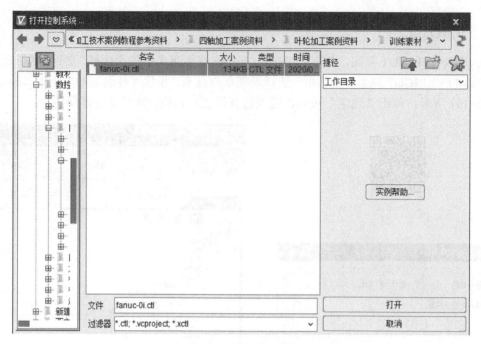

图 2-366　安装机床控制系统

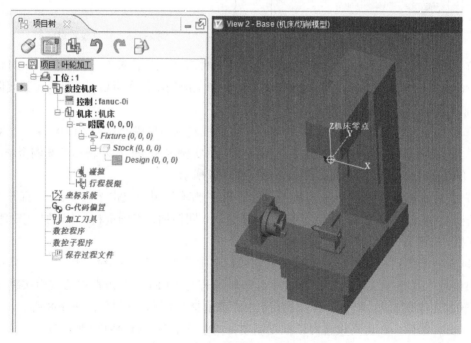

图 2-367　安装机床模型

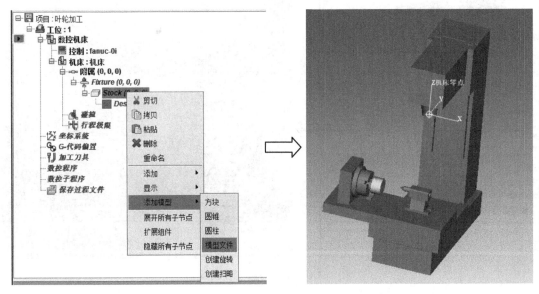

图 2-368　安装毛坯

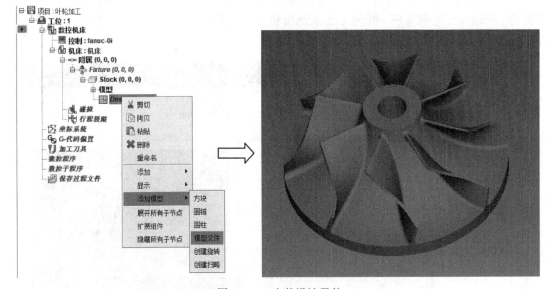

图 2-369　安装设计零件

7）设置对刀参数。根据后处理程序得知，本项目定义 G54 工作偏置，位置在毛坯上表面几何中心。

在仿真设置对话框左侧项目树中选中节点 _{G-代码偏置}，在"配置 G- 代码偏置"栏中，设定"偏置"为"工作偏置"，输入寄存器为"54"，单击 添加 按钮。注意在节点 _{G-代码偏置} 下面出现了节点 1:工作偏置 - 54 - 主轴到 Stock ，单击，在下面"配置 工作偏置"栏中设置相关参数。在"机床 / 切削模型"视图中右击，依次选择"显示所有轴""加工坐标原点"，再在仿真设置对话框右下方单击"重置模型"按钮 ，图形上显示了"对刀点"坐标系，结果如图 2-370 所示。

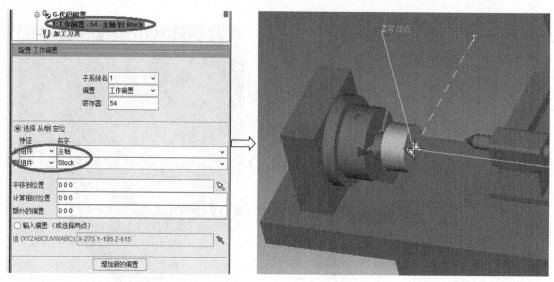

图 2-370　定义 G54 工作偏置

8）安装刀库文件及修改刀具补偿数值。在仿真对话框界面左侧项目树中选中节点 🔧加工刀具，右击，选中"打开"，打开 X:\UG 多轴编程与 VERICUT 仿真加工应用实例参考资料 \ 四轴加工案例资料 \ 叶轮加工案例资料 \ 训练素材 \ 叶轮加工 .tls，注意"对刀点"设置应和刀号一致，如图 2-371 所示。

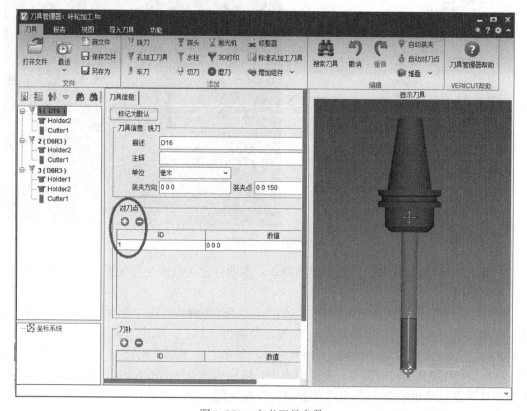

图 2-371　定义刀具参数

9）输入数控程序。在仿真设置对话框左侧项目树中双击节点 **数控程序**，打开 X:\UG 多轴编程与 VERICUT 仿真加工应用实例参考资料 \ 四轴加工案例资料 \ 叶轮加工案例资料 \ 训练素材 \ 目录下所有加工程序，如图 2-372 所示。

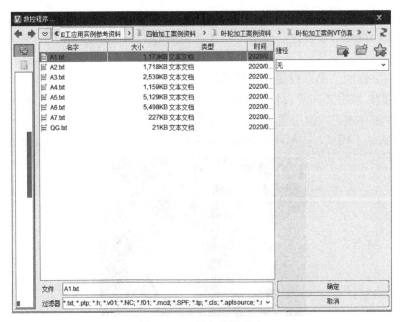

图 2-372 输入数控程序

10）执行仿真。在仿真设置对话框右下方单击"仿真到末端"按钮，进行加工仿真，结果如图 2-373 所示。

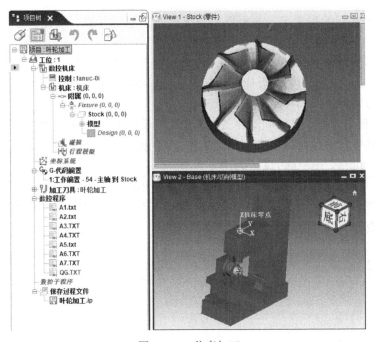

图 2-373 仿真加工

11）仿真结果存盘。

2.4.5 实体加工

1）安装刀具和毛坯。根据机床型号选择 BT40 刀柄，对照工序卡，安装刀具。所有刀具保证伸出长度 50mm。将自定心卡盘安装在加工中心工作台面上，使用百分表校准并固定，将毛坯夹紧。

2）对刀。零件加工原点设置在毛坯右端面中心。使用机械式寻边器，找正毛坯中心，并设置 G54 参数，使用 Z 向对刀仪，分别找正每把刀的 Z 向补偿值，并设置刀具补偿参数。

3）程序传输并加工。使用局域网将后处理得到的加工程序传输到加工中心的数控系统，设置机床为自动加工模式，按循环启动键，机床即开始自动加工零件，结果如图 2-374 所示。

图 2-374　实体加工

2.4.6 实例小结

通过叶轮的实例编程学习，并根据书中提供的模型文件练习编程、仿真加工，深刻理解四轴加工叶轮零件的工艺技巧。

1）叶轮的叶片薄，扭曲大，发生加工干涉的概率很高。另外，要控制刀轴在运动过程中的突然变化，因为刀轴的突变会使机床在加工过程中坐标轴方向的位移突然加大，甚至超出机床的运动极限。

2）刀具的使用方面，多轴联动加工优先使用球头刀和圆角 R 刀加工，这样可以最大程度地减少由刀具引起的过切和干涉；对于流道较窄的叶轮，在加工窄流道时，可以适当选择锥度球头铣刀，可有效地提高刀具的刚性。

3）企业如果没有五轴数控加工中心时，此节介绍的工艺可以有效解决加工此类产品的瓶颈问题，当然前期要经过类似于 VERICUT 等数控仿真加工软件 1:1 的真实生产环境的虚拟加工验证，否则实操可能会出现严重的安全事故。

3.1 实例1：玩偶的 UG NX 12.0 数控编程与 VERICUT 8.2.1 仿真加工

案例导读　　加工准备

3.1.1 实例概况

玩偶猪造型比较复杂，特别是头部的耳朵等部位，若是采用传统的四轴数控加工设备及工艺方法，已经不能满足零件的结构需要，故加工此类型产品需要使用五轴及以上多轴数控加工中心等设备。

3.1.2 数控加工工艺分析

1. 零件分析

玩偶猪形状比较复杂，加工精度要求高，适合用五轴数控加工中心进行加工。

2. 毛坯选用

零件材料为 6061 铝棒，尺寸为 $\phi260mm \times 220mm$。零件长度、直径尺寸已经精加工到位，无须再加工。

3. 制订加工工序卡

选用五轴联动数控加工中心（AC 轴），自定心卡盘装夹，遵循先粗后精加工原则：粗加工⇒半精加工⇒精加工。零件加工程序单见表 3-1。

表 3-1　零件加工程序单

加工单位	零件名称	零件图号	批次	页次	共 1 页	程序原点	
数控中心	玩偶	3-1			第 1 页		
工序名称	设备	加工数量		计划用时 /h			
铣外形	DMU65	1					
工位	材料	工装号		实际用时 /h			
MC	6061						
序号	程序名	加工内容	刀具号	刀具规格	S 转速 /（r/min）	F 进给量 /（mm/min）	
1	KC	毛坯开粗	T01	D25R5	8000	2000	
2	JBKC	局部开粗	T02	D10	8000	2000	
3	BJJG	整体半精加工	T02	D10	8000	3000	
4		耳部半精加工	T03	D12R6	8000	3000	
5	JJG	整体精加工	T02	D10	8000	4000	
6		耳部精加工	T03	D12R6	8000	4000	
编程：		仿真：		审核：		批准：	

3.1.3 编制加工程序

1. 创建项目

1）打开 X:UG 多轴编程与 VERICUT 仿真加工应用实例参考资料 \ 五轴加工案例资料 \ 玩偶加工案例资料 \ 训练素材 \ 玩偶加工案例 .prt。

2）设置加工环境，进入加工模块，如图 3-1 所示。

2. 创建刀具

精铣刀具的选择要根据零件最小 R 角（一般是耳朵附件）来确定。在主菜单下依次单击"分析""最小半径"，弹出"最小半径"对话框，选择玩偶整体，如图 3-2 所示；单击"确定"，弹出"信息"对话框，显示最小半径值（不包含过渡圆角），如图 3-3 所示。在"工序导航器 - 机床"对话框中，创建所有刀具，如图 3-4 所示，具体参数设置如图 3-5 所示。

图 3-1　设置加工环境

图 3-2　选择玩偶整体

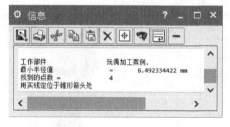

图 3-3　显示最小半径值

图 3-4　创建刀具

3. 设置加工坐标系

1）在"工序导航器 - 几何"对话框中，双击加工坐标系节点"MCS"，如图 3-6 所示，进入机床坐标系对话框。

2）指定 MCS。加工坐标系零点设在玩偶底面中心，调整结果如图 3-7 所示。

3）安全设置。"安全设置选项"选"球"，以玩偶底面中心为球心，创建半径为 260.0000 的球面，如图 3-8 所示。

4）细节设置。"用途"选"主要"，设定为主加工坐标系；"装夹偏置"设为"1"，设定工件偏置为 G54。

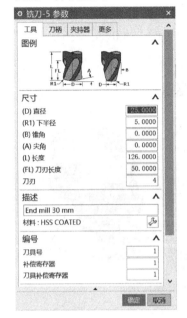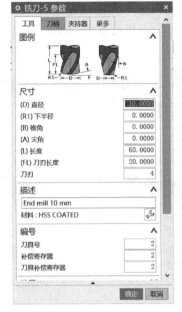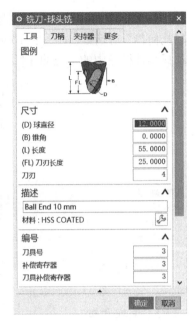

图 3-5　设置刀具参数

图 3-6　几何视图 MCS

图 3-7　MCS 调整结果

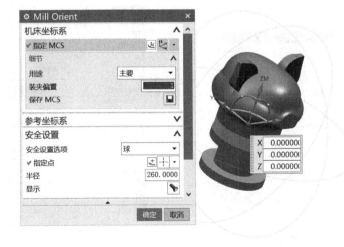

图 3-8　安全设置

4. 设置铣削几何体

在"工序导航器 - 几何"对话框中，双击"WORKPIECE"节点（图 3-9），进入"铣削几何体"对话框，如图 3-10 所示，"指定部件"选择零件模型中的"体 0"，"指定毛坯"选择零件模型中的"拉伸 3"。

图 3-9 几何视图 WORKPIECE   图 3-10 WORKPIECE 设置界面

5. 毛坯开粗

（1）生成 KC1

1）创建工序。在程序顺序视图下，创建型腔铣操作，"程序"选择"NC_PROGRAM"，"刀具"选择"D25R5（End mill 30mm）"，"几何体"选择"MCS"，"方法"选择"METHOD"，"名称"设为"KC1"，如图 3-11 所示。单击"确定"，进入"型腔铣 -[KC1]"对话框，如图 3-12 所示。

玩偶开粗

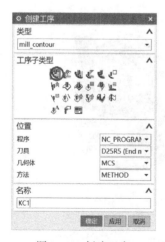

图 3-11 创建工序   图 3-12 "型腔铣 -[KC1]"对话框

2）几何体设置。部件几何体选择零件模型中的"体 0"，如图 3-13 所示；毛坯几何体选择零件模型中的"拉伸 3"，如图 3-14 所示；检查几何体选择零件模型中的"偏置曲面 7""偏置曲面 8"，如图 3-15 所示。

图 3-13　部件几何体设置

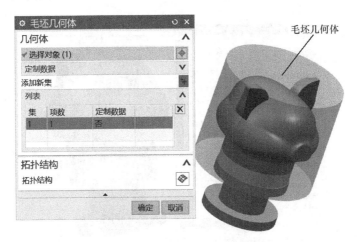

图 3-14　毛坯几何体设置

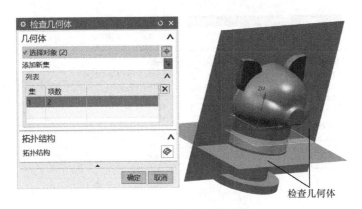

图 3-15　检查几何体设置

3）刀轴参数设置。"轴"选择"指定矢量"，如图 3-16 所示。

4）刀轨设置。基础设置如图 3-17 所示。单击切削层按钮，进入"切削层"对话框，参数设置如图 3-18 所示。单击切削参数按钮，进入"切削参数"对话框，参数设置如图 3-19 所示。单击非切削移动按钮，进入"非切削移动"对话框，设置相关参数，如图 3-20 所示。单击进给率和速度按钮，进入"进给率和速度"对话框，设置参数，如图 3-21 所示。

5）生成 KC1 刀具轨迹，如图 3-22 所示。

图 3-16　刀轴参数设置

图 3-17　刀轨基础设置

图 3-18　切削层参数设置

图 3-19　切削参数设置

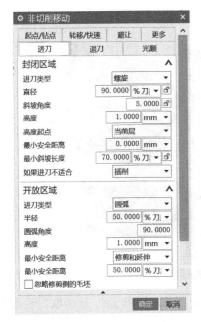

图 3-20　非切削移动参数设置

图 3-21　进给率和速度参数设置

图 3-22　KC1 刀具轨迹

（2）生成 KC2

1）几何体设置。检查几何体选择零件模型中的"拉伸 6""偏置曲面 8"，如图 3-23 所示。

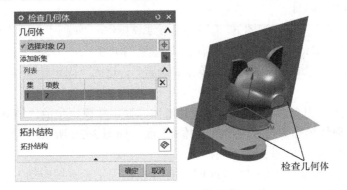

图 3-23　检查几何体设置

2）刀轴参数设置。"轴"选择"指定矢量",如图 3-24 所示。

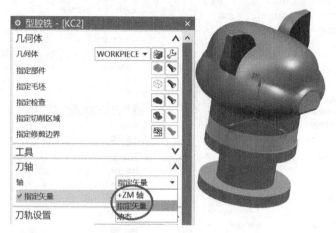

图 3-24　刀轴参数设置

3）刀轨设置。单击非切削移动按钮▦,进入"非切削移动"对话框,设置相关参数,如图 3-25 所示,其他参数同前。

4）其他标签设置同 KC1,生成 KC2 刀具轨迹,如图 3-26 所示。

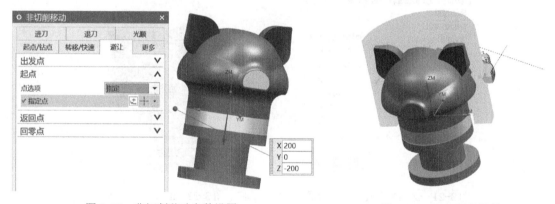

图 3-25　非切削移动参数设置　　　　　　　　图 3-26　KC2 刀具轨迹

6. 局部开粗

（1）生成 KC3、KC4

1）创建工序。在程序顺序视图下,创建固定轮廓铣操作,"程序"选择"NC_PROGRAM","刀具"选择"D10（End mill）","几何体"选择"MCS","方法"选择"METHOD","名称"为"KC3",如图 3-27 所示。单击"确定",进入"固定轮廓铣 -[KC3]"对话框,如图 3-28 所示。

2）几何体设置。几何体中的指定部件几何体选择零件模型中的"体 0",如图 3-29 所示；指定检查几何体选择零件模型中的"体 0"面,如图 3-30 所示；指定切削区域选择零件模型中的"体 0"面,如图 3-31 所示。

3）设置驱动方法。驱动方法选择"区域铣削",单击固定轮廓铣驱动方法按钮▦,进入"区域铣削驱动方法"对话框,参数设置如图 3-32 所示。

4）刀轴参数设置。"轴"选择"动态"，调整结果如图 3-33 所示。

图 3-27　创建工序

图 3-28　"固定轮廓铣 -[KC3]"对话框

图 3-29　部件几何体设置

图 3-30　检查几何体设置

图 3-31　切削区域设置

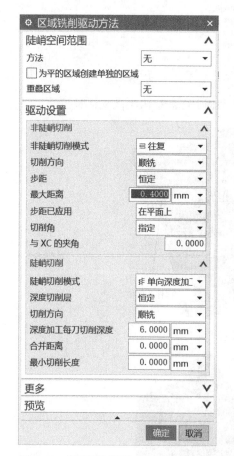

图 3-32　"区域铣削驱动方法"对话框

图 3-33　刀轴参数设置

　　5）刀轨设置。单击切削参数按钮，进入"切削参数"对话框，参数设置如图 3-34 所示。单击非切削移动按钮，进入"非切削移动"对话框，设置相关参数，如图 3-35 所示。单击进给率和速度按钮，进入"进给率和速度"对话框，设置参数，如图 3-36 所示。

　　6）生成 KC3 刀具轨迹，如图 3-37 所示。

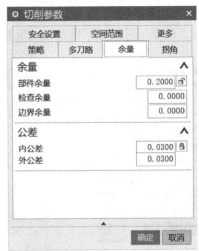

图 3-34　切削参数设置

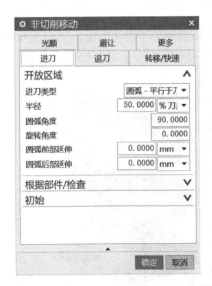

图 3-35　非切削移动参数设置

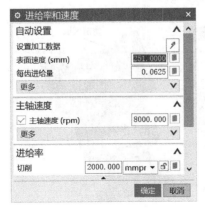

图 3-36　进给率和速度参数设置　　　　图 3-37　KC3 刀具轨迹

7）复制刀轨。选中程序视图中的 KC3 刀轨，右击，依次选择"对象""镜像…"（图 3-38），进入"镜像"对话框，设置相关参数，单击"确定"按钮，结果如图 3-39 所示。

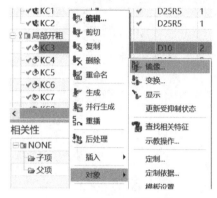

图 3-38　镜像功能

图 3-39　KC4 刀具轨迹

（2）生成 KC5、KC6

1）几何体设置。指定检查几何体选择零件模型中的"体 0"面，如图 3-40 所示；指定区域切削选择零件模型中的"体 0"面，如图 3-41 所示。

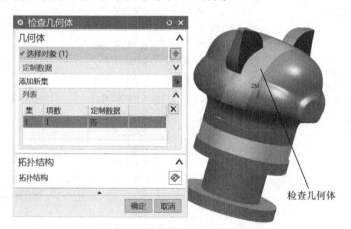

图 3-40　检查几何体设置

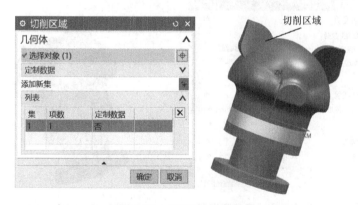

图 3-41　切削区域设置

2）其他标签设置同 KC4 一致，生成 KC5 刀具轨迹，如图 3-42 所示。

图 3-42　KC5 刀具轨迹

3）复制刀轨。选中程序视图中的 KC5 刀轨，右击，依次选择"对象""镜像…"（图 3-43），进入"镜像"对话框，设置相关参数，单击"确定"按钮，结果如图 3-44 所示。

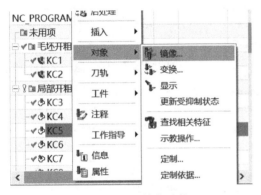

图 3-43　镜像功能

图 3-44　KC6 刀具轨迹

（3）生成 KC7、KC8

1）创建工序。在程序顺序视图下，创建外形轮廓铣操作，"程序"选择"NC_PROGRAM"，"刀具"选择"D10（End mill）"，"几何体"选择"MCS"，"方法"选择"METHOD"，"名称"设为"KC7"，如图 3-45 所示。单击"确定"，进入"外形轮廓铣 -[KC7]"对话框，如图 3-46 所示。

2）几何体设置。几何体中的指定部件为零件模型中的"体 0"面，不设置检查几何体；指定底面几何体选择零件模型中的"体 0"面，如图 3-47 所示；指定壁几何体选择零件模型中的"体 0"面，如图 3-48 所示。

3）设置驱动方法。驱动方法选择"外形轮廓铣"，单击外形轮廓铣驱动方法按钮，进入"外形轮廓铣驱动方法"对话框，如图 3-49 所示。

4）驱动设置。"进刀矢量"选择"+ZM"，如图 3-50 所示。

5）刀轨设置。单击切削参数按钮，进入"切削参数"对话框，参数设置如图 3-51 所示。单击非切削移动按钮，进入"非切削移动"对话框，设置相关参数，如图 3-52 所示。单击进给率和速度按钮，进入"进给率和速度"对话框，设置参数，如图 3-53 所示。

6）生成 KC7 刀具轨迹，如图 3-54 所示。

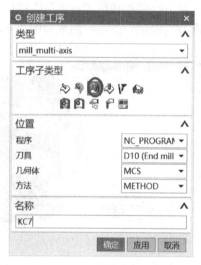

图 3-45　创建工序

图 3-46　"外形轮廓铣 -[KC7]"对话框

图 3-47　底面几何体设置

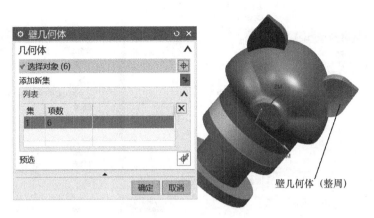

壁几何体（整周）

图 3-48 壁几何体设置

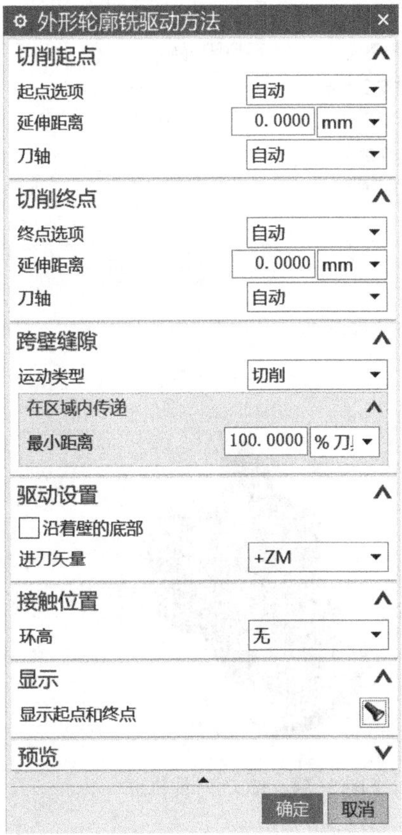

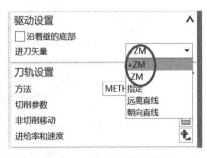

图 3-49 "外形轮廓铣驱动方法"对话框

图 3-50 驱动设置对话框

图 3-51　切削参数设置

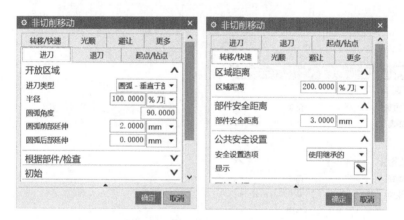

图 3-52　非切削移动参数设置

图 3-53　进给率和速度参数设置

图 3-54　KC7 刀具轨迹

7）复制刀轨。选中程序视图中的 KC7 刀轨，右击，依次选择"对象""变换…"（图 3-55），进入"变换"对话框，设置相关参数，单击"确定"按钮，结果如图 3-56 所示。

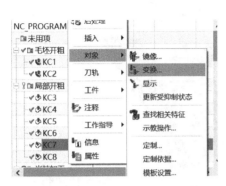

图 3-55　变换功能

图 3-56　KC8 刀具轨迹

7. 玩偶半精加工

（1）生成 BJJG1 ～ BJJG4　　　　玩偶半精加工

1）创建工序。在程序顺序视图下，创建可变轮廓铣操作，"程序"选择"NC_PROGRAM"，"刀具"选择"D12R6（Ball End 10mm）"，"几何体"选择"MCS"，"方法"选择"METHOD"，"名称"设为"BJJG1"，如图 3-57 所示。单击"确定"，进入"可变轮廓铣 -[BJJG1]"对话框，如图 3-58 所示。

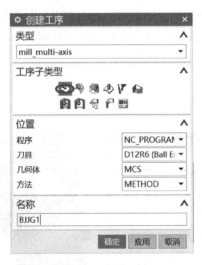

图 3-57　创建工序

图 3-58　"可变轮廓铣 -[BJJG1]"对话框

2）几何体设置。几何体中的指定部件为零件模型中的"体 0"面，如图 3-59 所示；指定检查几何体选择零件模型中的"体 0"面，如图 3-60 所示。

图 3-59　部件几何体设置

图 3-60　检查几何体设置

3）设置驱动方法。驱动方法选择"曲面区域"，单击可变轮廓铣驱动方法按钮，进入"曲面区域驱动方法"对话框（图 3-61）。设"切削模式"为"往复"、"步距"为"残余高度"、"最大残余高度"为"0.1000"。单击指定驱动体按钮，进入"驱动几何体"对话框，几何体选择零件模型中的"体 0"面（图 3-62），其他设置默认。

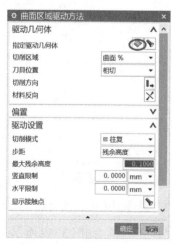

图 3-61　"曲面区域驱动方法"对话框

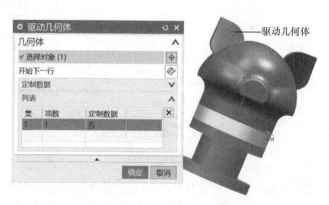

图 3-62　驱动几何体设置

4）投影矢量设置。"矢量"选择"垂直于驱动体"，如图 3-63 所示。

5）刀轴参数设置。"轴"选择"相对于驱动体"，如图 3-63 所示。

图 3-63　投影矢量、刀轴参数设置对话框

6）刀轨设置。单击切削参数按钮，进入"切削参数"对话框，参数设置如图 3-64 所示。单击非切削移动按钮，进入"非切削移动"对话框，设置进刀参数，如图 3-65 所示。单击进给率和速度按钮，进入"进给率和速度"对话框，设置参数，如图 3-66 所示。

7）生成 BJJG1 刀具轨迹，如图 3-67 所示。

图 3-64　切削参数设置

图 3-65　非切削移动参数设置

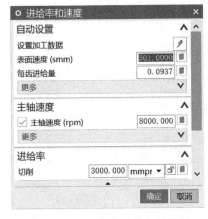

图 3-66　进给率和速度参数设置

图 3-67　BJJG1 刀具轨迹

8）复制刀轨。选中程序视图中的 BJJG1 刀轨，右击，依次选择"对象""镜像…"（图 3-68），进入"镜像"对话框，设置相关参数，单击"确定"按钮，结果如图 3-69 所示。

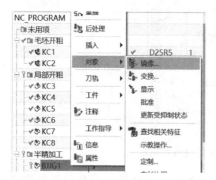

图 3-68　镜像功能

图 3-69　BJJG2 刀具轨迹

9）BJJG3、BJJG4 刀具轨迹编制与 BJJG1、BJJG2 相同，生成刀具轨迹如图 3-70 所示。

（2）生成 BJJG5 ～ BJJG8

1）创建工序。在程序顺序视图下，创建固定轮廓铣操作，"程序"选择"NC_PROGRAM"，"刀具"选择"D12R6（Ball End 10mm）"，"几何体"选择"MCS"，"方法"选择"METHOD"，"名称"设为"BJJG5"，如图 3-71 所示。单击"确定"，进入"固定轮廓铣 -[BJJG5]"对话框，如图 3-72 所示。

图 3-70　BJJG3、BJJG4 刀具轨迹

2）几何体设置。指定部件几何体选择零件模型中的"体 0"，如图 3-73 所示。指定切削区域几何体选择零件模型中的"体 0"面，如图 3-74 所示。

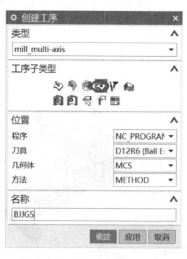

图 3-71　创建工序

图 3-72　"固定轮廓铣 -[BJJG5]"对话框

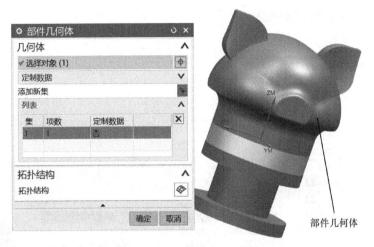

图 3-73　部件几何体设置

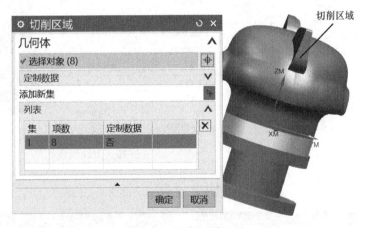

图 3-74　切削区域设置

3）设置驱动方法。驱动方法选择"区域铣削"，单击固定轮廓铣驱动方法按钮，进入"区域铣削驱动方法"对话框，参数设置如图 3-75 所示。

4）刀轴参数设置。"轴"选择"指定矢量"，调整结果如图 3-76 所示。

5）刀轨设置。单击切削参数按钮，进入"切削参数"对话框，参数设置如图 3-77 所示。单击非切削移动按钮，进入"非切削移动"对话框，设置相关参数，如图 3-78 所示。单击进给率和速度按钮，进入"进给率和速度"对话框，设置参数，如图 3-79 所示。

6）生成 BJJG5 刀具轨迹，如图 3-80 所示。

7）复制刀轨。选中程序视图中的 BJJG5 刀轨，右击，依次选择"对象""镜像 …"（图 3-81），进入"镜像"对话框，设置相关参数，单击"确定"按钮，结果如图 3-82 所示。

8）BJJG6、BJJG7 刀具轨迹编制与 BJJG5、BJJG8 相同，刀轴为 Z 轴，生成刀具轨迹如图 3-83 所示。

图 3-75 "区域铣削驱动方法"对话框

图 3-76 刀轴参数设置

图 3-77 切削参数设置

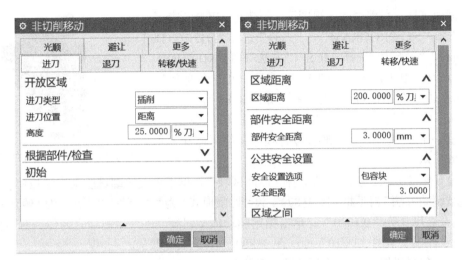

图 3-78　非切削移动参数设置

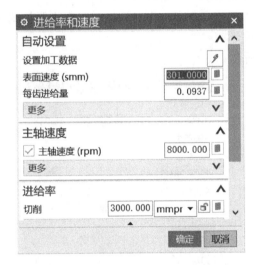

图 3-79　进给率和速度参数设置

图 3-80　BJJG5 刀具轨迹

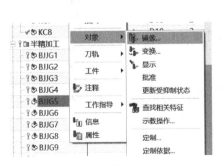

图 3-81　镜像功能

图 3-82　BJJG8 刀具轨迹

（3）生成 BJJG9

1）创建工序。在程序顺序视图下，创建可变轮廓铣操作，"程序"选择"NC_PROGRAM"，"刀具"选择"D12R6（Ball End 10mm）"，"几何体"选择"MCS"，"方法"选择"METHOD"，"名称"设为"BJJG9"，如图 3-84 所示。单击"确定"，进入"可变轮廓铣 -[BJJG9]"对话框，如图 3-85 所示。

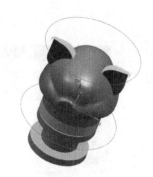

图 3-83　BJJG6、BJJG7 刀具轨迹

2）几何体设置。指定部件几何体选择零件模型中的"体 0"面；指定检查几何体选择零件模型中的"体 0"面，如图 3-86 所示。

3）设置驱动方法。驱动方法选择"曲面区域"，单击可变轮廓铣驱动方法按钮，进入"曲面区域驱动方法"对话框（图 3-87）。设"切削模式"为"往复"、"步距"为"残余高度"、"最大残余高度"为"0.1000"。单击指定驱动体按钮，进入"驱动几何体"对话框，几何体选择零件模型中的"球 10"面（图 3-88），其他设置默认。

4）投影矢量设置。"矢量"选择"刀轴"，如图 3-89 所示。

5）刀轴参数设置。"轴"选择"垂直于驱动体"，如图 3-89 所示。

6）刀轨设置。单击切削参数按钮，进入"切削参数"对话框，参数设置如图 3-90 所示。非切削移动、进给率和速度参数设置不变。

7）生成 BJJG9 刀具轨迹，如图 3-91 所示。

图 3-84　创建工序

图 3-85　"可变轮廓铣 -[BJJG9]"对话框

图 3-86　检查几何体设置

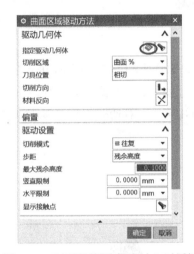

图 3-87　"曲面区域驱动方法"对话框

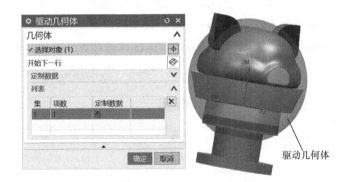

图 3-88　驱动几何体设置

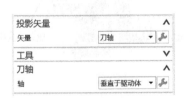

图 3-89　投影矢量、刀轴
　　参数设置对话框

图 3-90　"切削参数"对话框

图 3-91　BJJG9 刀具轨迹

（4）生成 BJJG10

1）几何体设置。指定部件几何体选择零件模型中的"体 0"面，如图 3-92 所示。

图 3-92　部件几何体设置

2）设置驱动方法。驱动方法选择"曲面区域"，单击可变轮廓铣驱动方法按钮🔽，进入"曲面区域驱动方法"对话框（图 3-93）。设"切削模式"为"往复"、"步距"为"数量"、"步距数"为"30"。单击指定驱动体按钮🔽，进入"驱动几何体"对话框，几何体选择零件模型中的"拉伸 15"面（图 3-94），其他设置默认。

图 3-93　"曲面区域驱动方法"对话框　　　　图 3-94　驱动几何体设置

3）投影矢量设置。"矢量"选择"垂直于驱动体"，如图 3-95 所示。

4）刀轴参数设置。"轴"选择"垂直于驱动体"，如图 3-95 所示。

5）刀轨设置。刀轨设置同 BJJG9。

6）生成 BJJG10 刀具轨迹，如图 3-96 所示。

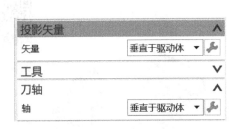

图 3-95　投影矢量、刀轴参数设置对话框　　　　图 3-96　BJJG10 刀具轨迹

（5）生成 BJJG11、BJJG12

1）基本设置同 KC7、KC8，区别在于刀轨设置发生变化，如图 3-97 所示。

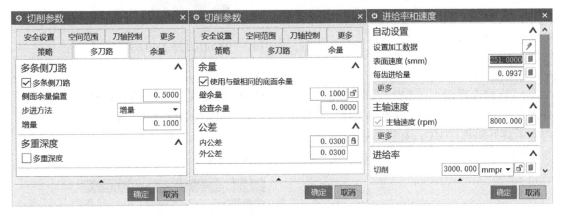

图 3-97　刀轨设置

2）生成 BJJG11、BJJG12 刀具轨迹，如图 3-98 所示。

图 3-98　BJJG11、BJJG12 刀具轨迹

8. 玩偶精加工

基本设置和玩偶半精加工一样，只是把加工余量设置为"0.0000"，如图 3-99 所示；
JJG1 ～ JJG12 刀具轨迹如图 3-100 所示。

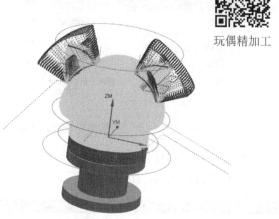

玩偶精加工

图 3-99　加工余量设置

图 3-100　JJG1 ～ JJG12 刀具轨迹

9. 生成数控程序

1）在程序视图下，选中"毛坯开粗"并右击，选择"后处理"，如图 3-101 所示；进入"后
处理"对话框，选择相应后处理文件，设置相关内容，如图 3-102 所示。单击"确定"按钮，
得到毛坯开粗程序 KC，如图 3-103 所示。

2）同理生成半精加工至精加工程序 JBKC、BJJG、JJG。

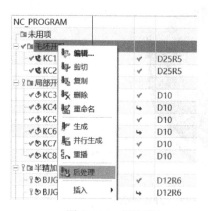

图 3-101　后处理

图 3-102　后处理设置

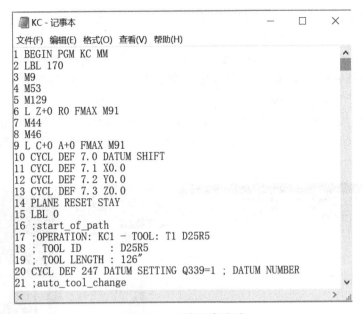

```
KC - 记事本                                    —    □    ×
文件(F) 编辑(E) 格式(O) 查看(V) 帮助(H)
1 BEGIN PGM KC MM
2 LBL 170
3 M9
4 M53
5 M129
6 L Z+0 R0 FMAX M91
7 M44
8 M46
9 L C+0 A+0 FMAX M91
10 CYCL DEF 7.0 DATUM SHIFT
11 CYCL DEF 7.1 X0.0
12 CYCL DEF 7.2 Y0.0
13 CYCL DEF 7.3 Z0.0
14 PLANE RESET STAY
15 LBL 0
16 ;start_of_path
17 ;OPERATION: KC1 - TOOL: T1 D25R5
18 ; TOOL ID      : D25R5
19 ; TOOL LENGTH : 126″
20 CYCL DEF 247 DATUM SETTING Q339=1 ; DATUM NUMBER
21 ;auto_tool_change
```

图 3-103　毛坯开粗程序

产品加工

3.1.4　仿真加工

1）进入 VERICUT 界面。启动 VERICUT 软件，在主菜单中依次选择"文件""新项目"，进入"新的 VERICUT 项目"对话框，选择米制单位毫米，设置文件名为玩偶加工 .vcproject，如图 3-104 所示。单击"确定"按钮，进入仿真设置对话框，如图 3-105 所示。

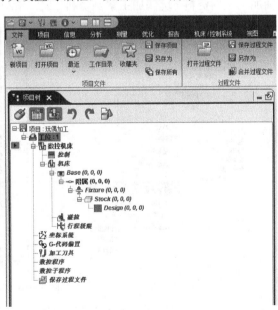

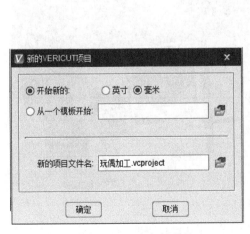

图 3-104　建立新项目

图 3-105　仿真设置对话框

2）设置工作目录。在主菜单中依次选择"文件""工作目录"，在工作目录对话框中将路径设置为 X:\UG 多轴编程与 VERICUT 仿真加工应用实例参考资料 \ 五轴加工案例资料 \ 玩偶加工案例资料 \ 训练素材，以便后续操作。

3）安装机床控制系统文件。在仿真设置对话框左侧项目树中双击节点 🔲 控制，在对话框中打开 X:UG 多轴编程与 VERICUT 仿真加工应用实例参考资料 \ 五轴加工案例资料 \ 玩偶加工案例资料 \ 训练素材 \HPM600U_Hei530.ctl，如图 3-106 所示。

4）安装机床模型文件。在仿真设置对话框左侧项目树中双击节点 🔩 机床，打开 X:\UG 多轴编程与 VERICUT 仿真加工应用实例参考资料 \ 五轴加工案例资料 \ 玩偶加工案例资料 \ 训练素材 \HPM600U.xmch，结果如图 3-107 所示。

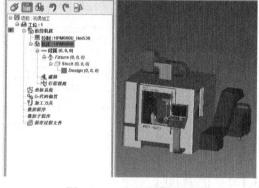

图 3-106　安装机床控制系统　　　　　　　　图 3-107　安装机床模型

5）安装毛坯。在仿真设置对话框左侧项目树中选中节点 ▦ Stock (0, 0, 0)，右击，依次选择"添加模型""模型文件"，打开 X:\UG 多轴编程与 VERICUT 仿真加工应用实例参考资料 \ 五轴加工案例资料 \ 玩偶加工案例资料 \ 训练素材 \ 毛坯，结果如图 3-108 所示。

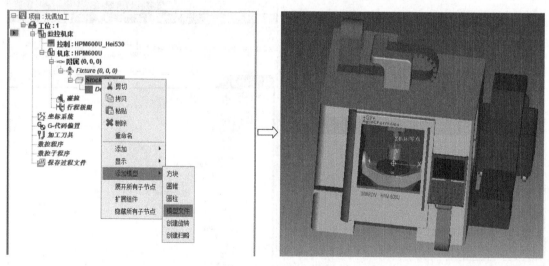

图 3-108　安装毛坯

6）安装零件。在仿真设置对话框左侧项目树中选中节点 ▦ Design (0, 0, 0)，右击，依次选择"添加模型""模型文件"，打开 X:\UG 多轴编程与 VERICUT 仿真加工应用实例参考资料 \ 五轴加工案例资料 \ 玩偶加工案例资料 \ 训练素材 \ 零件，结果如图 3-109 所示。

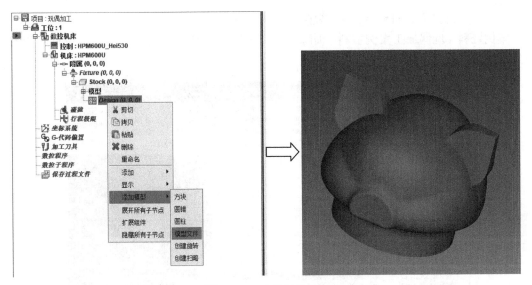

图 3-109　安装设计零件

7）设置对刀参数。根据后处理程序得知，本项目定义 G54 工作偏置，位置在毛坯底面几何中心。

在仿真设置对话框左侧项目树中选中节点 坐标系统，在"配置坐标系统"栏中，单击 添加新的坐标系 按钮，在 坐标系统 下方出现 Csys 1，修改名称为"MCS"，并将位置向 Z 向偏移 232mm。在仿真设置对话框左侧项目树中选中节点 G-代码偏置，在"G-代码偏置"栏中，设定"偏置"为"程序零点"，单击 添加 按钮。注意在节点 G-代码偏置 下面出现了节点 1:程序零点 -1- Tool 到 MCS，单击，在下面"配置 程序零点"栏中设置相关参数。在"机床/切削模型"视图中右击，依次选择"显示所有轴""加工坐标原点"，再在仿真设置对话框右下方单击"重置模型"按钮 ，图形上显示了"对刀点"坐标系，结果如图 3-110 所示。

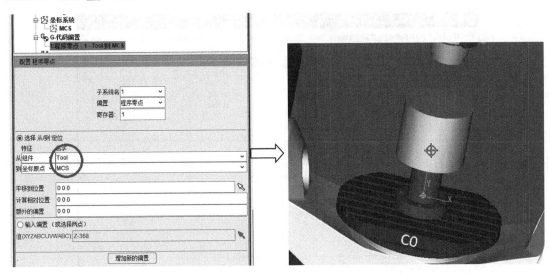

图 3-110　定义 G54 工作偏置

8）安装刀库文件及修改刀具补偿数值。在仿真对话框界面左侧项目树中选中节点 加工刀具，右击，选中"打开"，打开 X:\UG 多轴编程与 VERICUT 仿真加工应用实例参考资料\五轴加工案例资料\玩偶加工案例资料\训练素材\玩偶加工 .tls，注意"对刀点"设置应和刀号一致，如图 3-111 所示。

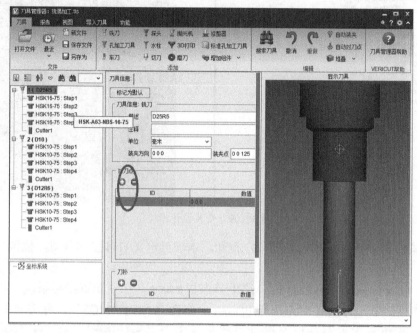

图 3-111　定义刀具参数

9）输入数控程序。在仿真设置对话框左侧项目树中双击节点 *数控程序*，打开 X:\UG 多轴编程与 VERICUT 仿真加工应用实例参考资料\五轴加工案例资料\玩偶加工案例资料\训练素材\目录下所有加工程序，如图 3-112 所示。

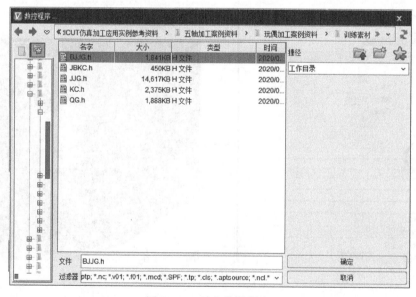

图 3-112　输入数控程序

10）执行仿真。在仿真设置对话框右下方单击"仿真到末端"按钮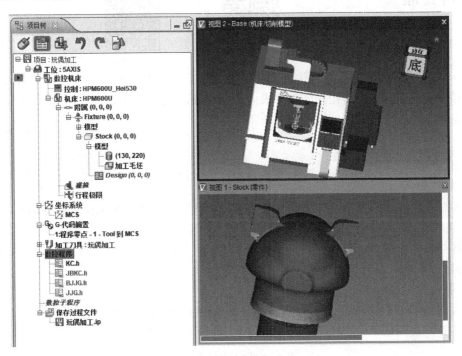，进行加工仿真，结果如图 3-113 所示。

图 3-113　仿真加工

11）仿真结果存盘。

3.1.5　实体加工

1）安装刀具和毛坯。根据机床型号选择 BT40 刀柄，对照工序卡，安装刀具。所有刀具保证伸出长度 50mm。将自定心卡盘安装在加工中心工作台面上，使用百分表校准并固定，将毛坯夹紧。

2）对刀。零件加工原点设置在毛坯右端面中心。使用机械式寻边器，找正毛坯中心，并设置 G54 参数，使用 Z 向对刀仪，分别找正每把刀的 Z 向补偿值，并设置刀具补偿参数。

3）程序传输并加工。使用局域网将后处理得到的加工程序传输到加工中心的数控系统，设置机床为自动加工模式，按循环启动键，机床即开始自动加工零件。

3.1.6　实例小结

通过玩偶的实例编程学习，并根据书中提供的模型文件练习编程、仿真加工，深刻理解五轴加工玩偶类零件的工艺技巧。

1）UG 软件中零件的位置可以任意放置，若要和实际设备设置相对应，只需在出程序前设置好加工原点即可。

2）通过该实例的学习，要灵活掌握干涉面功能的应用，合理优化工艺顺序，可有效防止过切或碰撞。

3.2 实例 2: 大力神杯的 UG NX 12.0 数控编程与 VERICUT 8.2.1 仿真加工

案例导读

加工准备

3.2.1 实例概况

由于大力神杯特殊的结构, 传统工艺经过铸造后, 先磨去多余的金属, 然后人工继续雕刻, 接着用机器打磨, 再抛光使奖杯表面更加精细, 工序烦琐且统一性较差。若采用五轴数控设备加工可以简化流程, 提高产品质量。

3.2.2 数控加工工艺分析

1. 零件分析

大力神杯形状比较复杂, 加工精度要求高, 适合用五轴数控加工中心进行加工。

2. 毛坯选用

零件材料为 6061 铝棒, 尺寸为 $\phi80mm \times 182mm$。零件长度、直径尺寸已经精加工到位, 无须再加工。

3. 制订加工工序卡

选用五轴联动数控加工中心 (AC 轴), 自定心卡盘装夹, 遵循先粗后精加工原则: 粗加工⇒半精加工⇒精加工⇒刻字加工。零件加工程序单见表 3-2。

表 3-2　零件加工程序单

加工单位	零件名称	零件图号	批次	页次	共 1 页	程序原点	
数控中心	大力神杯	3-2			第 1 页		
工序名称	设备	加工数量	计划用时 /h				
铣外形	DMU65	1					
工位	材料	工装号	实际用时 /h				
MC	6061						
序号	程序名	加工内容	刀具号	刀具规格	S 转速 / (r/min)	F 进给量 / (mm/min)	
1	KC	毛坯开粗	T01	D16	8000	3000	
2		二次开粗	T02	D6	8000	3000	
3	BJJG	奖杯半精加工	T03	D8R4	8000	4000	
4	JJG	奖杯精加工	T04	D4R2	8000	4000	
5	DZJG	斜面加工	T01	D16	8000	4000	
6		圆角加工	T04	D4R2	8000	4000	
7	KZJG	刻字加工	T05	D1R0.5	8000	2000	
编程:		仿真:		审核:		批准:	

3.2.3 编制加工程序

1. 创建项目

1) 打开 X:\UG 多轴编程与 VERICUT 仿真加工应用实例参考资料 \ 五轴加工案例资料 \ 大力神杯加工案例资料 \ 训练素材 \ 大力神杯加工案例 .prt。

2) 设置加工环境, 进入加工模块, 如图 3-114 所示。

2. 创建刀具

精铣刀具的选择要根据零件最小 R 角（一般是顶部附件）来确定。在主菜单下依次单击"分析""最小半径"，弹出"最小半径"对话框，选择大力神杯整体，如图 3-115 所示；单击"确定"，弹出"信息"对话框，最小半径值结果如图 3-116 所示。结合实际加工情况，在"工序导航器 - 机床"对话框中，创建所有刀具，如图 3-117 所示，具体参数设置如图 3-118 所示。

图 3-114　设置加工环境　　　　图 3-115　选择大力神杯整体

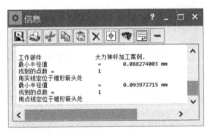

图 3-116　显示最小半径值　　　　图 3-117　创建刀具

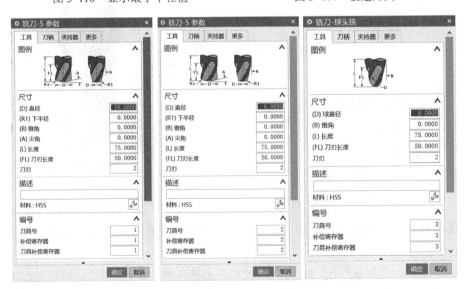

图 3-118　设置刀具参数

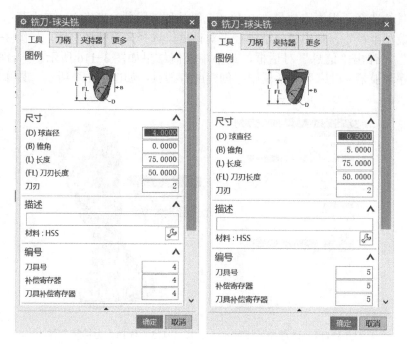

图 3-118　设置刀具参数（续）

3. 设置加工坐标系

1）在"工序导航器 - 几何"中，双击加工坐标系节点"MCS"，如图 3-119 所示，进入机床坐标系对话框。

2）指定 MCS。加工坐标系零点设在大力神杯底面中心，调整结果如图 3-120 所示。

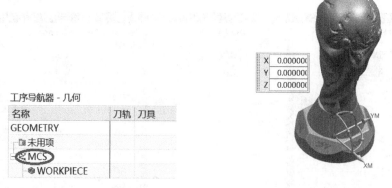

图 3-119　几何视图 MCS　　　　图 3-120　MCS 调整结果

3）安全设置。"安全设置选项"选"球"，以大力神杯高度中心为球心，创建半径为 120.0000 的球面，如图 3-121 所示。

4）细节设置。"用途"选"主要"，设定为主加工坐标系；"装夹偏置"设为"1"，设定工件偏置为 G54。

4. 设置铣削几何体

在"工序导航器 - 几何"对话框中，双击"WORKPIECE"节点（图 3-122），进入"工件"对话框，如图 3-123 所示，"指定部件"选择零件模型整体，"指定毛坯"选择零件模型中的"拉伸 622"。

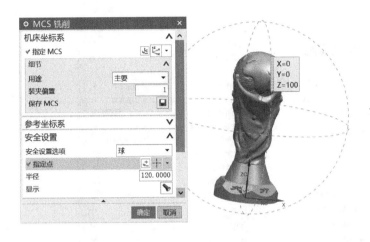

图 3-121　安全设置

图 3-122　几何视图 WORKPIECE

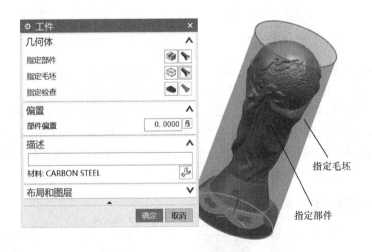

图 3-123　WORKPIECE 设置界面

5. 毛坯开粗

（1）生成 KC1

1）创建工序。在程序顺序视图下，创建型腔铣操作，"程序"选择"NC_PROGRAM"，"刀具"选择"D16（铣刀 -5 参数）"，"几何体"选择"WORKPIECE"，"方法"选择"METHOD"，"名称"设为"KC1"，如图 3-124 所示。单击"确定"，进入"型腔铣 -[KC1]"对话框，如图 3-125 所示。

图 3-124　创建工序

图 3-125　"型腔铣 -[KC1]"对话框

2）刀轴参数设置。"轴"选择"指定矢量"，如图 3-126 所示。

3）刀轨设置。基础设置如图 3-127 所示。单击切削层按钮，进入"切削层"对话框，参数设置如图 3-128 所示。单击切削参数按钮，进入"切削参数"对话框，参数设置如图 3-129 所示。单击非切削移动按钮，进入"非切削移动"对话框，设置相关参数，如图 3-130 所示。单击进给率和速度按钮，进入"进给率和速度"对话框，设置参数，如图 3-131 所示。

4）生成 KC1 刀具轨迹，如图 3-132 所示。

图 3-126　刀轴参数设置

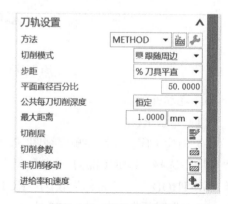

图 3-127　刀轨基础设置

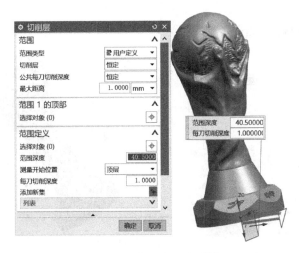

图 3-128　切削层参数设置

图 3-129　切削参数设置

图 3-130　非切削移动参数设置

图 3-131　进给率和速度参数设置

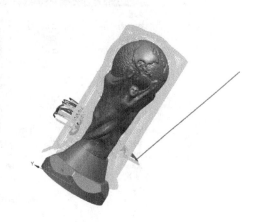

图 3-132　KC1 刀具轨迹

（2）生成 KC2

1）刀轴设置。"轴"选择"指定矢量"，如图 3-133 所示。

2）其他设置标签同 KC1，生成 KC2 刀具轨迹，如图 3-134 所示。

图 3-133　刀轴参数设置

图 3-134　KC2 刀具轨迹

（3）生成 KC3

1）创建工序。在程序顺序视图下，创建型腔铣操作，"程序"选择"NC_PROGRAM"，"刀具"选择"D6（铣刀 -5 参数）"，"几何体"选择"WORKPIECE"，"方法"选择"METHOD"，"名称"设为"KC3"，如图 3-135 所示。单击"确定"，进入"型腔铣 -[KC3]"对话框，如图 3-136 所示。

2）刀轴参数设置。"轴"选择"指定矢量"，如图 3-137 所示。

3）刀轨设置。基础设置如图 3-138 所示。单击切削层按钮圖，进入"切削层"对话框，参数设置如图 3-139 所示。单击切削参数按钮圖，进入"切削参数"对话框，参数设置如图 3-140 所示。单击非切削移动按钮圖，进入"非切削移动"对话框，设置相关参数，如图 3-141

所示。单击进给率和速度按钮 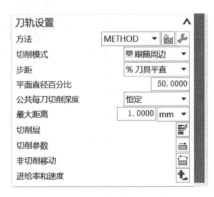，进入"进给率和速度"对话框，设置参数如图 3-142 所示。

4）生成 KC3 刀具轨迹，如图 3-143 所示。

（4）生成 KC4

1）刀轴参数设置。"轴"选择"指定矢量"，如图 3-144 所示。

2）其他设置标签同 KC3，生成 KC4 刀具轨迹，如图 3-145 所示。

图 3-135　创建工序

图 3-136　"型腔铣 -[KC3]"对话框

图 3-137　刀轴参数设置

图 3-138　刀轨基础设置

图 3-139 切削层参数设置

图 3-140 切削参数设置

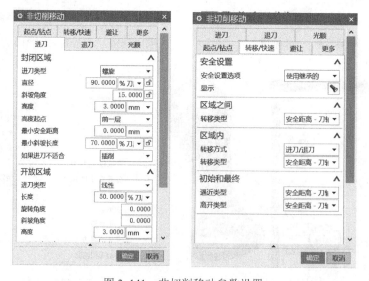

图 3-141 非切削移动参数设置

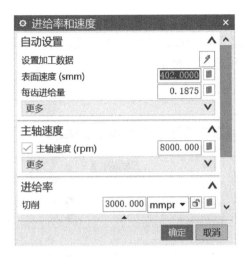

图 3-142　进给率和速度参数设置

图 3-143　KC3 刀具轨迹

图 3-144　刀轴参数设置

图 3-145　KC4 刀具轨迹

6. 大力神杯半精加工

（1）创建工序　在程序顺序视图下，创建可变轮廓铣操作，"程序"选择"NC_PROGRAM"，"刀具"选择"D8R4（铣刀 - 球头铣）"，"几何体"选择"WORKPIECE"，"方法"选择"METHOD"，"名称"设为"BJJG"，如图 3-146 所示。单击"确定"，进入"可变轮廓铣 -[BJJG]"对话框，如图 3-147 所示。

大力神杯半精加工、精加工

（2）几何体设置　指定切削区域选择零件模型中的主体面，如图 3-148 所示。

（3）设置驱动方法　驱动方法选择"曲面区域"，单击可变轮廓铣驱动方法按钮，进入"曲面区域驱动方法"对话框（图 3-149）。设"切削模式"为"螺旋"、"步距"为"数量"、"步距数"为"300"。单击指定驱动体按钮，进入"驱动几何体"对话框，几何体选择零件模型中的"旋转 624"（图 3-150），其他设置默认。

（4）投影矢量设置　"矢量"选择"刀轴"，如图 3-151 所示。

（5）刀轴参数设置　"轴"选择"垂直于驱动体"，如图 3-151 所示。

（6）刀轨设置 单击切削参数按钮🔁，进入"切削参数"对话框，参数设置如图 3-152 所示。单击非切削移动按钮🔁，进入"非切削移动"对话框，设置进刀参数，如图 3-153 所示。单击进给率和速度按钮🔁，进入"进给率和速度"对话框，设置参数，如图 3-154 所示。

（7）生成 BJJG 刀具轨迹 如图 3-155 所示。

图 3-146 创建工序　　　　　　　　图 3-147 "可变轮廓铣 -[BJJG]"对话框

图 3-148 切削区域设置

图 3-149　"曲面区域驱动方法"对话框

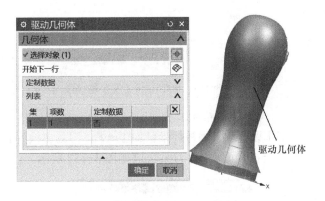

图 3-150　驱动几何体设置

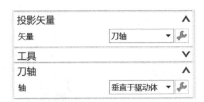

图 3-151　投影矢量、刀轴参数设置

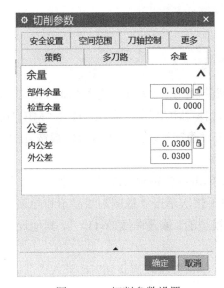

图 3-152　切削参数设置

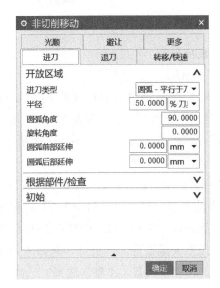

图 3-153　非切削移动参数设置

图 3-154　进给率和速度参数设置

图 3-155　BJJG 刀具轨迹

7. 大力神杯精加工

基本设置和大力神杯半精加工一样，刀具更换为 D4R2，同时把加工余量设置为"0.0000"，如图 3-156 所示，JJG 刀具轨迹如图 3-157 所示。

图 3-156　加工余量设置

图 3-157　JJG 刀具轨迹

8. 底座加工

（1）DMJG

1）创建工序。在程序顺序视图下，创建可变轮廓铣操作，"程序"选择"NC_PROGRAM"，"刀具"选择"D16（铣刀 -5 参数）"，"几何体"选择"MCS"，"方法"选择"METHOD"，"名称"设为"DMJG"，如图 3-158 所示。单击"确定"，进入"可变轮廓铣 -[DMJG]"对话框，如图 3-159 所示。

2）设置驱动方法。驱动方法选择"曲线 / 点"，单击可变轮廓铣驱动方法按钮，进入"曲线 / 点驱动方法"对话框（图 3-160）。在主菜单下依次单击"视图""显示和隐藏"功能，取消曲线隐藏，"选择曲线"选择图 3-161 中零件模型的"偏置曲线（643）"，其他设置默认。

3）投影矢量设置。"矢量"选择"刀轴"。

4）刀轴参数设置。"轴"选择"远离直线"，单击刀轴设置按钮，进入"远离直线"对话框，单击 Z 轴，如图 3-162 所示。

底座加工、刻字加工

图 3-158　创建工序

图 3-159　"可变轮廓铣 -[DMJG]"对话框

图 3-160　"曲线 / 点驱动方法"对话框

图 3-161　选择驱动曲线

图 3-162　刀轴参数设置

5）刀轨设置。单击切削参数按钮，进入"切削参数"对话框，参数设置如图 3-163 所示。单击非切削移动按钮，进入"非切削移动"对话框，设置进刀参数，如图 3-164 所示。单击进给率和速度按钮，进入"进给率和速度"对话框，设置参数，如图 3-165 所示。

6）生成 DMJG 刀具轨迹，如图 3-166 所示。

图 3-163　切削参数设置

图 3-164　非切削移动参数设置

图 3-165　进给率和速度参数设置

图 3-166　DMJG 刀具轨迹

（2）生成 DJJG1 ～ DJJG6

1）创建工序。在程序顺序视图下，创建固定轮廓铣操作，"程序"选择"NC_PROGRAM"，"刀具"选择"D16（铣刀 -5 参数）"，"几何体"选择"MCS"，"方法"选择"METHOD"，"名称"设为"DJJG1"，如图 3-167 所示。单击"确定"，进入"固定轮廓铣 -[DJJG1]"对话框，如图 3-168 所示。

2）设置驱动方法。驱动方法选择"曲线 / 点"，单击可变轮廓铣驱动方法按钮，进入"曲线 / 点驱动方法"对话框（图 3-169）。在主菜单下依次单击"视图""显示和隐藏"，取消曲线隐藏，"选择曲线"选择图 3-170 中零件模型的"直线 629"，其他设置默认。

3）投影矢量设置。"矢量"选择"刀轴"。

4）刀轴参数设置。"轴"选择"指定矢量"，选取平面，如图 3-171 所示。

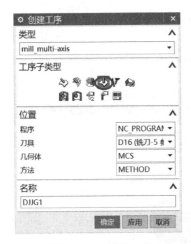

图 3-167　创建工序

图 3-168　"固定轮廓铣 -[DJJG1]"对话框

图 3-169　"曲线 / 点驱动方法"对话框

图 3-170　选择驱动曲线

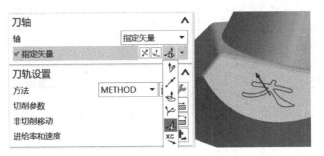

图 3-171　刀轴参数设置

5）刀轨设置。单击切削参数按钮◢，进入"切削参数"对话框，参数设置如图 3-172 所示。非切削移动、进给率和速度参数设置同 DMJG。

图 3-172　切削参数设置

6）生成 DJJG1 刀具轨迹，如图 3-173 所示。

图 3-173　DJJG1 刀具轨迹

7）复制刀轨。选中程序视图中的 DJJG1 刀轨，右击，依次选择"对象""变换…"（图 3-174），进入"变换"对话框，设置相关参数，单击"确定"按钮，结果如图 3-175 所示。

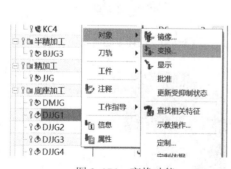

图 3-174　变换功能

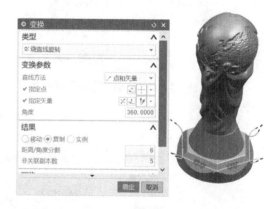

图 3-175　DJJG2 ~ DJJG6 刀具轨迹

（3）生成 YJJG1 ~ YJJG6

1）创建工序。在程序顺序视图下，创建固定轮廓铣操作，"程序"选择"NC_PROGRAM"，

"刀具"选择"D4R2（铣刀-球头铣）"，"几何体"选择"WORKPIECE"，"方法"选择"METHOD"，"名称"设为"YJJG1"，如图 3-176 所示。单击"确定"，进入"固定轮廓铣 -[YJJG1]"对话框，如图 3-177 所示。

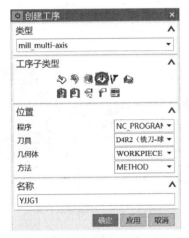

图 3-176　创建工序

图 3-177　"固定轮廓铣 -[YJJG1]"对话框

2）几何体设置。指定切削区域选择零件模型中的曲面，如图 3-178 所示。

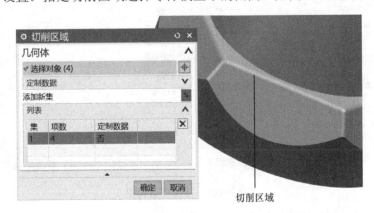

图 3-178　切削区域设置

3）设置驱动方法。驱动方法选择"区域铣削"，单击固定轮廓铣驱动方法按钮，进入"区域铣削驱动方法"对话框，参数设置如图 3-179 所示。

4）刀轴参数设置。"轴"选择"指定矢量"，调整结果如图 3-180 所示。

5）刀轨设置。单击切削参数按钮，进入"切削参数"对话框，参数设置如图 3-181 所示。

非切削移动、进给率和速度参数设置同 DMJG。

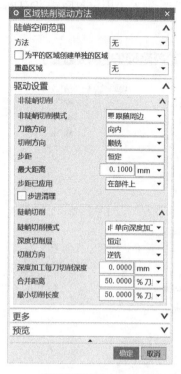

图 3-179　"区域铣削驱动方法"对话框

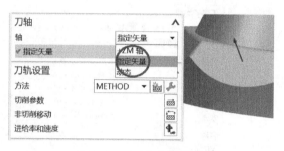

图 3-180　刀轴参数设置

图 3-181　切削参数设置

6）生成 YJJG1 刀具轨迹，如图 3-182 所示。

7）复制刀轨。选中程序视图中的 YJJG1 刀轨，右击，依次选择"对象""变换 ..."（图 3-183），进入"变换"对话框，设置相关参数，单击"确定"按钮，结果如图 3-184 所示。

9. 刻字加工

（1）创建工序　在程序顺序视图下，创建可变轮廓铣操作，"程序"选择"NC_PROGRAM"，"刀具"选择"D1R0.5（铣刀 -5 参数）"，"几何体"选择"MCS"，"方法"选择"METHOD"，

"名称"设为"DJSB"，如图 3-185 所示。单击"确定"，进入"可变轮廓铣 -[DJSB]"对话框，如图 3-186 所示。

图 3-182　YJJG1 刀具轨迹

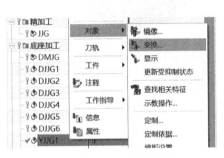

图 3-183　变换功能

图 3-184　YJJG2 ～ YJJG6 刀具轨迹

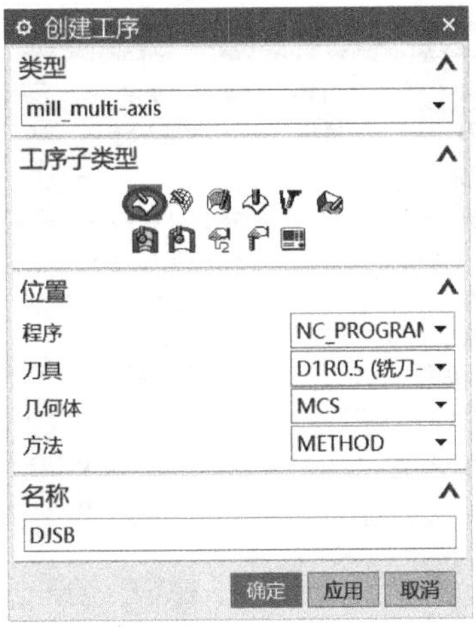

图 3-185　创建工序

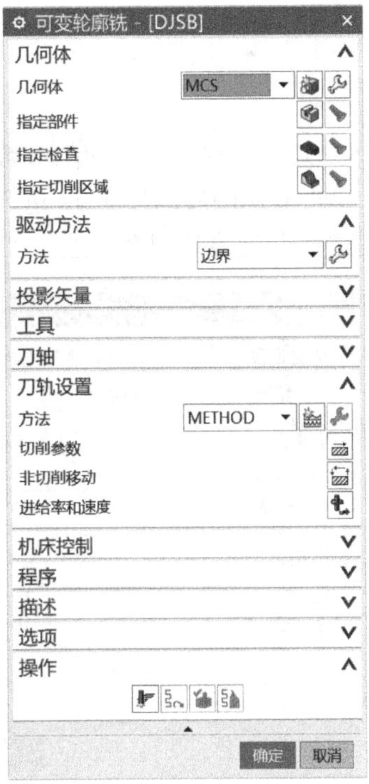

图 3-186　"可变轮廓铣 -[DJSB]"对话框

（2）设置驱动方法　驱动方法选择"曲线/点"，单击可变轮廓铣驱动方法按钮⊡，进入"曲线/点驱动方法"对话框（图 3-187），"选择曲线"选择图 3-188 中的大力神杯字体，其他设置默认。

图 3-187　"曲线/点驱动方法"对话框

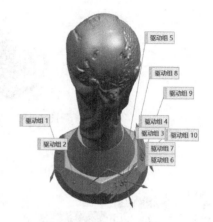

图 3-188　选择驱动曲线

（3）投影矢量设置　"矢量"选择"刀轴"，如图 3-189 所示。

（4）刀轴参数设置　"轴"选择"垂直于部件"，如图 3-189 所示。

图 3-189　刀轴参数设置

（5）刀轨设置　单击切削参数按钮⊞，进入"切削参数"对话框，参数设置如图 3-190所示。单击非切削移动按钮⊟，进入"非切削移动"对话框，设置进刀参数，如图 3-191 所示。单击进给率和速度按钮⬆，进入"进给率和速度"对话框，设置参数，如图 3-192 所示。

图 3-190　切削参数设置

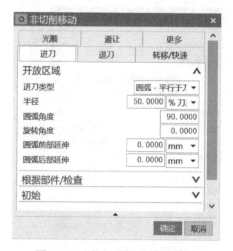

图 3-191　非切削移动参数设置

（6）生成 KZJG 刀具轨迹，如图 3-193 所示。

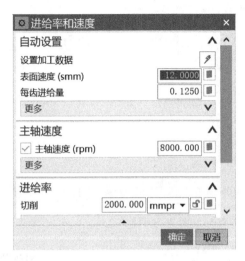

图 3-192　进给率和速度参数设置

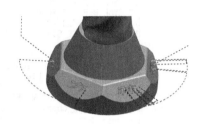

图 3-193　KZJG 刀具轨迹

10. 生成数控程序

1）在程序视图下，选中"开粗"并右击，选择"后处理"（图 3-194），进入"后处理"对话框，选择相应后处理文件，设置相关内容，如图 3-195 所示。单击"确定"按钮，得到毛坯开粗程序 KC，如图 3-196 所示。

2）同理生成半精加工至刻字加工程序 BJJG、JJG、DZJG、KZJG。

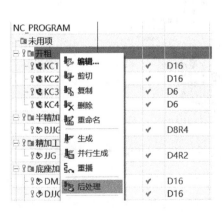

图 3-194　后处理

图 3-195　后处理设置

```
KC - 记事本                               —  □  ×
文件(F) 编辑(E) 格式(O) 查看(V) 帮助(H)
1 BEGIN PGM KC MM
2 LBL 170
3 M9
4 M53
5 M129
6 L Z+0 R0 FMAX M91
7 M44
8 M46
9 L C+0 A+0 FMAX M91
10 CYCL DEF 7.0 DATUM SHIFT
11 CYCL DEF 7.1 X0.0
12 CYCL DEF 7.2 Y0.0
13 CYCL DEF 7.3 Z0.0
14 PLANE RESET STAY
15 LBL 0
16 ;start_of_path
17 ;OPERATION: KC1 - TOOL: T1 D16
18 ; TOOL ID    : D16
19 ; TOOL LENGTH : 75″
20 CYCL DEF 247 DATUM SETTING Q339=1 ; DATUM NUMBER
21 ;auto_tool_change
```

图 3-196　毛坯开粗程序

产品加工

3.2.4　仿真加工

1）进入 VERICUT 界面。启动 VERICUT 软件，在主菜单中依次选择"文件""新项目"，进入"新的 VERICUT 项目"对话框，选择米制单位毫米，设置文件名为大力神杯加工.vcproject，如图 3-197 所示。单击"确定"按钮，进入仿真设置对话框，如图 3-198 所示。

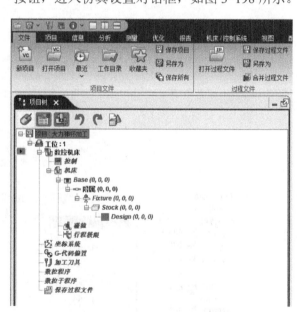

图 3-197　建立新项目

图 3-198　仿真设置对话框

2）设置工作目录。在主菜单中依次选择"文件""工作目录"，在工作目录对话框中将路径设置为 X:\UG 多轴编程与 VERICUT 仿真加工应用实例参考资料\五轴加工案例资料\大力神杯加工案例资料\训练素材，以便后续操作。

3）安装机床控制系统文件。在仿真设置对话框左侧项目树中双击节点 **控制**，在对话框中打开 X:\UG 多轴编程与 VERICUT 仿真加工应用实例参考资料 \ 五轴加工案例资料 \ 大力神杯加工案例资料 \ 训练素材 \HPM600U_Hei530.ctl，如图 3-199 所示。

4）安装机床模型文件。在仿真设置对话框左侧项目树中双击节点 **机床**，打开 X:\UG 多轴编程与 VERICUT 仿真加工应用实例参考资料 \ 五轴加工案例资料 \ 大力神杯加工案例资料 \ 训练素材 \HPM600U.xmch，结果如图 3-200 所示。

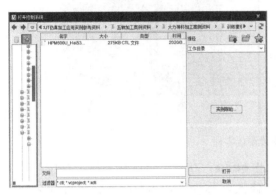

图 3-199　安装机床控制系统

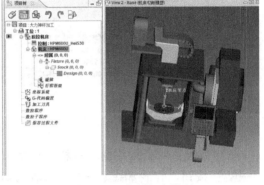

图 3-200　安装机床模型

5）安装毛坯。在仿真设置对话框左侧项目树中选中节点 **Stock (0, 0, 0)**，右击，依次选择"添加模型""模型文件"，打开 X:\UG 多轴编程与 VERICUT 仿真加工应用实例参考资料 \ 五轴加工案例资料 \ 大力神杯加工案例资料 \ 训练素材 \ 毛坯，结果如图 3-201 所示。

6）安装零件。在仿真设置对话框左侧项目树中选中节点 **Design (0, 0, 0)**，右击，依次选择"添加模型""模型文件"，打开 X:\UG 多轴编程与 VERICUT 仿真加工应用实例参考资料 \ 五轴加工案例资料 \ 大力神杯加工案例资料 \ 训练素材 \ 零件，结果如图 3-202 所示。

7）设置对刀参数。根据后处理程序得知，本项目定义 G54 工作偏置，位置在毛坯底面几何中心。

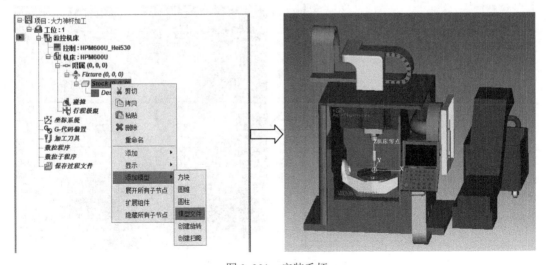

图 3-201　安装毛坯

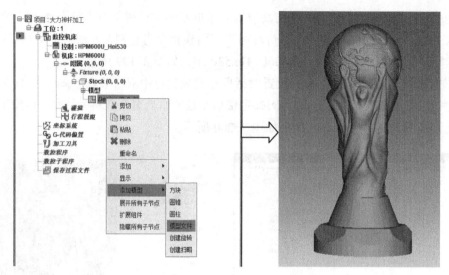

图 3-202　安装设计零件

在仿真设置对话框左侧项目树中选中节点 🔲坐标系统，在"配置坐标系统"栏中，单击
添加新的坐标系 按钮，在 🔲坐标系统 下方出现 🔲Csys 1，修改名称为"MCS"，并将位置向 Z 向偏
移 232mm。在仿真设置对话框左侧项目树中选中节点 Gₒ G-代码偏置，在"G- 代码偏置"栏
中，设定"偏置"为"程序零点"，单击 添加 按钮。注意在节点 Gₒ G-代码偏置 下面出现了节点
1:程序零点-1-Tool 到 MCS，单击，在下面"配置 - 程序零点"栏中设置相关参数。在"机床 / 切削
模型"视图中右击，依次选择"显示所有轴""加工坐标原点"，再在仿真设置对话框右下
方单击"重置模型"按钮 🔼，图形上显示了"对刀点"坐标系，结果如图 3-203 所示。

8）安装刀库文件及修改刀具补偿数值。在仿真设置对话框左侧项目树中选中节点
🔧加工刀具 ，右击，选中"打开"，打开 X:\UG 多轴编程与 VERICUT 仿真加工应用实例参
考资料 \ 五轴加工案例资料 \ 大力神杯加工案例资料 \ 训练素材 \ 大力神杯加工 .tls，注意"对
刀点"设置应和刀号一致，如图 3-204 所示。

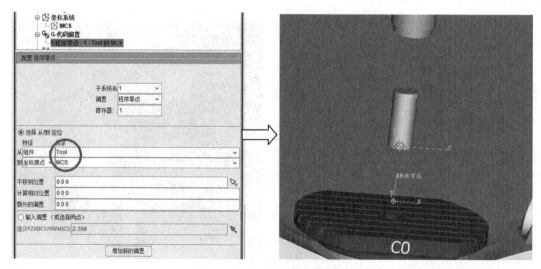

图 3-203　定义 G54 工作偏置

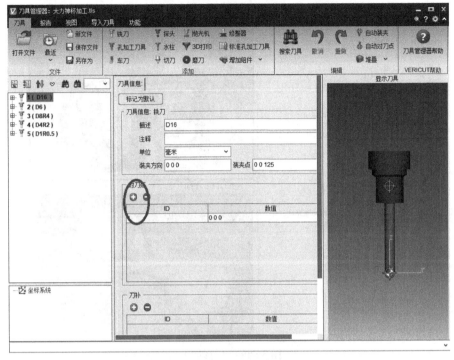

图 3-204　定义刀具参数

9）输入数控程序。在仿真设置对话框左侧项目树中双击节点*数控程序*，打开 X:\UG 多轴
编程与 VERICUT 仿真加工应用实例参考资料 \ 五轴加工案例资料 \ 大力神杯加工案例资料 \
训练素材 \ 目录下所有加工程序，如图 3-205 所示。

10）执行仿真。在仿真设置对话框右下方单击"仿真到末端"按钮 ，进行加工仿真，
结果如图 3-206 所示。

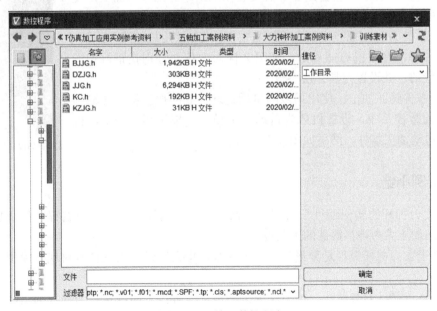

图 3-205　输入数控程序

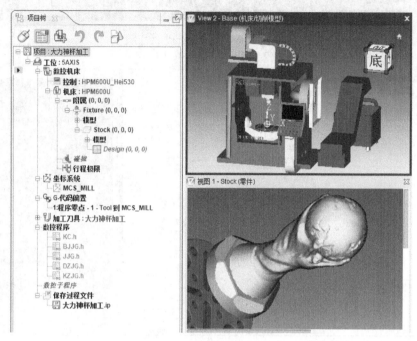

图 3-206　仿真加工

11）仿真结果存盘。

3.2.5　实体加工

1）安装刀具和毛坯。根据机床型号选择 BT40 刀柄，对照工序卡，安装刀具。所有刀具保证伸出长度 50mm。将自定心卡盘安装在加工中心工作台面上，使用百分表校准并固定，将毛坯夹紧。

2）对刀。零件加工原点设置在毛坯右端面中心。使用机械式寻边器，找正毛坯中心，并设置 G54 参数，使用 Z 向对刀仪，分别找正每把刀的 Z 向补偿值，并设置刀具补偿参数。

图 3-207　实体加工

3）程序传输并加工。使用局域网将后处理得到的加工程序传输到加工中心的数控系统，设置机床为自动加工模式，按循环启动键，机床即开始自动加工零件，结果如图 3-207 所示。

3.2.6　实例小结

通过大力神杯的实例编程学习，并根据书中提供的模型文件练习编程、仿真加工，深刻理解五轴加工大力神杯零件的工艺技巧。

1）由于大力神杯模型是异形体，建模困难，可采用逆向工程技术对现有模型进行处理来获得。

2）刀具选择、刀具避让、抬刀及加工参数选择等技术问题是大力神杯加工制作过程中最主要的难点。

3.3 实例 3：航空液压壳体的 UG NX 12.0 数控编程与 VERICUT 8.2.1 仿真加工

案例导读

加工准备

3.3.1 实例概况

　　壳体是飞机液压系统控制的核心部件，纵横交错的各种尺寸的孔加上凹凸不平、形状怪异的外形，给加工带来了很大难度。传统工艺加工质量稳定性差，废品率高，生产效率低下，难以满足客户要求。若采用五轴数控设备加工可以简化流程，提高产品质量。

3.3.2 数控加工工艺分析

　　1. 零件分析

　　航空液压壳体零件形状比较复杂，加工精度要求高，适合用五轴数控加工中心进行加工。

　　2. 毛坯选用

　　零件材料为 A2618，毛坯为锻件，定位等部位已加工，为小批量生产类型产品。

　　3. 制订加工工序卡

　　选用五轴联动数控加工中心（AC 轴），敞开式液压壳体专用夹具装夹，遵循先粗后精加工原则：粗加工⇒半精加工⇒精加工⇒清根。零件加工程序单见表 3-3。

表 3-3　零件加工程序单

加工单位	零件名称	零件图号	批次	页次	共 1 页	程序原点	
数控中心	航空液压壳体	3-3			第 1 页		
工序名称	设备	加工数量	计划用时 /h				
铣壳体	DMU65	1					
工位	材料	工装号	实际用时 /h				
MC	A2618						

序号	程序名	加工内容	刀具号	刀具规格	S 转速 /（r/min）	F 进给量 /（mm/min）
1	WXKC	外形开粗	T01	D12	8000	3000
2	WXJJG	清根	T02	D2R1	8000	3200
3		半精加工	T05	D6R3	8000	3000
4	GDYK	铣孔	T01	D12	8000	2000
5		预钻	T03	D16ZT	8000	1000
6	GDCJG	管道粗加工	T04	D12-D8	8000	1000
7	GDJJG	管道精加工	T04	D12-D8	8000	1000
编程：		仿真：		审核：		批准：

3.3.3 编制加工程序

1. 创建项目

1）打开 X:\UG 多轴编程与 VERICUT 仿真加工应用实例参考资料 \ 五轴加工案例资料 \ 航空液压壳体加工案例资料 \ 训练素材 \ 航空液压壳体加工案例 .prt。

2）设置加工环境，进入加工模块，如图 3-208 所示。

2. 创建刀具

精铣刀具的选择要根据零件最小 R 角（一般是过渡圆角附件）来确定。在主菜单下依次单击"分析""最小半径"，弹出"最小半径"对话框，选择航空液压壳体整体，如图 3-209 所示，单击"确定"，弹出"信息"对话框，最小半径值结果如图 3-210 所示。结合实际加工情况，在"工序导航器 - 机床"对话框中，创建所有刀具，如图 3-211 所示，具体参数设置如图 3-212 所示。

图 3-208 设置加工环境

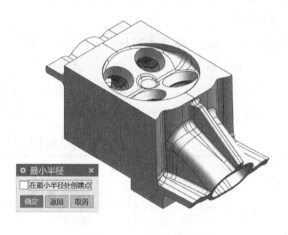

图 3-209 选择壳体整体

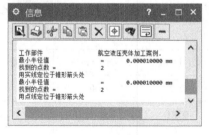

图 3-210 显示最小半径值

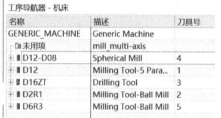

图 3-211 创建刀具

3. 设置加工坐标系

1）在"工序导航器 - 几何"对话框中，双击加工坐标系节点"MCS"，如图 3-213 所示，进入机床坐标系对话框。

2）指定 MCS。加工坐标系零点设在毛坯上表面中心，调整结果如图 3-214 所示。

3）安全设置。"安全设置选项"选"球"，以航空液压壳体几何中心为球心，创建半径为 100.0000 的球面，如图 3-215 所示。

4）细节设置。"用途"选"主要"，设定为主加工坐标系；设"装夹偏置"为"1"，
设定工件偏置为 G54。

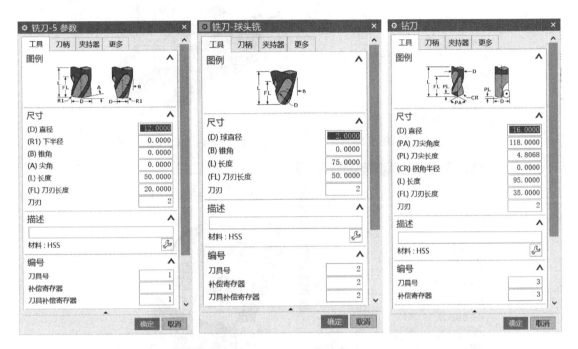

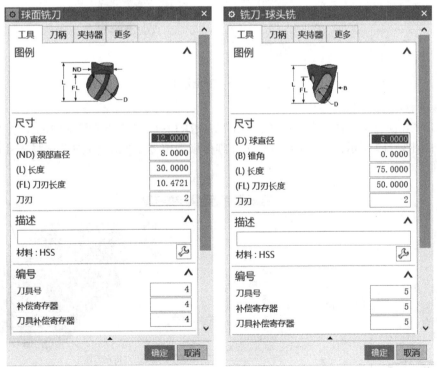

图 3-212　设置刀具参数

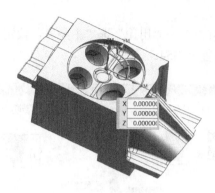

图 3-213　几何视图 MCS

图 3-214　MCS 调整结果

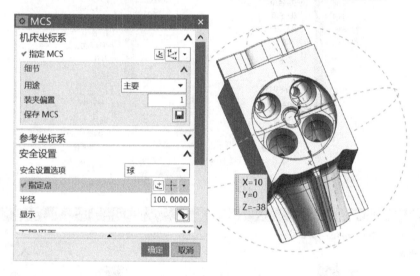

图 3-215　安全设置

4. 设置铣削几何体

在"工序导航器 - 几何"对话框中，双击"WORKPIECE"节点（图 3-216），进入"工件"对话框，如图 3-217 所示，"指定部件"选择零件模型整体，"指定毛坯"选择零件模型中的"体 0"面。

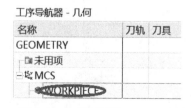

图 3-216　几何视图 WORKPIECE

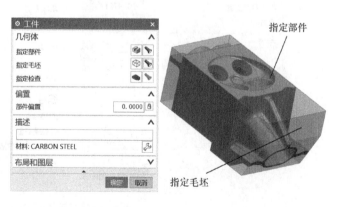

图 3-217　WORKPIECE 设置

5．外形开粗

（1）生成 KC1

1）创建工序。在程序顺序视图下，创建型腔铣操作，"程序"选择"NC_PROGRAM"，"刀具"选择"D12（铣刀-5 参数）"，"几何体"选择"WORKPIECE"，"方法"选择"METHOD"，"名称"设为"KC1"，如图 3-218 所示。单击"确定"，进入"型腔铣-[KC1]"对话框，如图 3-219 所示。

航空液压壳体开粗

航空叶轮开粗

图 3-218　创建工序

图 3-219　"型腔铣-[KC1]"对话框

2）几何体设置。指定切削区域几何体选择零件模型中的"体 3"，如图 3-220 所示。

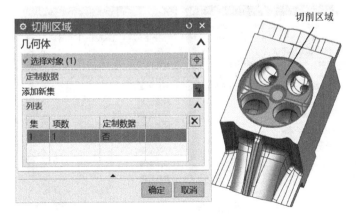

图 3-220　切削区域设置

3）刀轴参数设置。"轴"选择"+ZM 轴"。

4）刀轨设置。基础设置如图 3-221 所示。单击切削层按钮 ，进入"切削层"对话框，参数设置如图 3-222 所示。单击切削参数按钮 ，进入"切削参数"对话框，参数设置如图 3-223 所示。单击非切削移动按钮 ，进入"非切削移动"对话框，设置相关参数，如图 3-224 所示。单击进给率和速度按钮 ，进入"进给率和速度"对话框，设置参数，如图 3-225 所示。

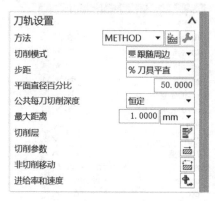

图 3-221　刀轨基础设置

图 3-222　切削层参数设置

图 3-223　切削参数设置

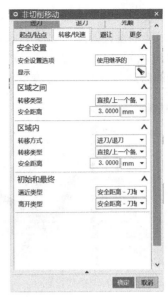

图 3-224　非切削移动参数设置

5）生成 KC1 刀具轨迹，如图 3-226 所示。

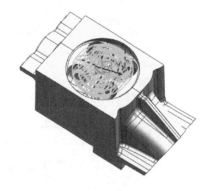

图 3-225　进给率和速度参数设置　　　　图 3-226　KC1 刀具轨迹

（2）生成 KC2

1）几何体设置。指定切削区域几何体选择零件模型中的"体 0"面，如图 3-227 所示。

图 3-227　切削区域设置

2）刀轴参数设置。"轴"选择"指定矢量"，如图 3-228 所示。

3）刀轨设置。基础设置如图 3-229 所示。单击切削层按钮，进入"切削层"对话框，参数设置如图 3-230 所示。单击切削参数按钮，进入"切削参数"对话框，参数设置如图 3-231 所示。非切削移动、进给率和速度参数设置同 KC1。

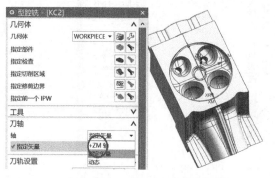

图 3-228　刀轴参数设置

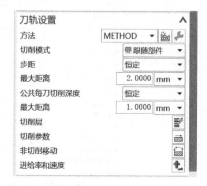

图 3-229　刀轨基础设置

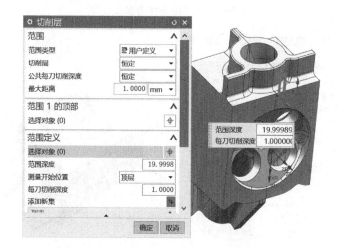

图 3-230　切削层参数设置

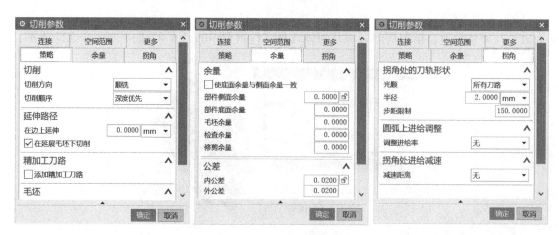

图 3-231　切削参数设置

图 3-231　切削参数设置（续）

4）生成 KC2 刀具轨迹，如图 3-232 所示。

图 3-232　KC2 刀具轨迹

（3）生成 KC3

1）几何体设置。指定切削区域几何体选择零件模型中的"体 16""体 22"，如图 3-233 所示。

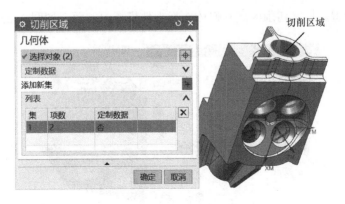

图 3-233　切削区域设置

2）刀轴参数设置。"轴"选择"指定矢量"，如图 3-234 所示。

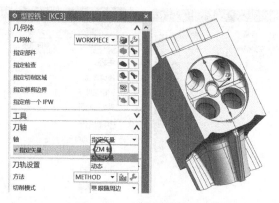

图 3-234　刀轴参数设置

3）刀轨设置。单击切削层按钮，进入"切削层"对话框，参数设置如图 3-235 所示。其余参数设置同 KC1。

4）其他标签设置同 KC1，生成 KC3 刀具轨迹，如图 3-236 所示。

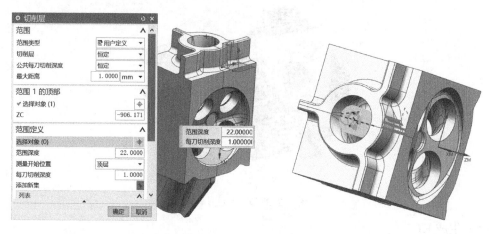

图 3-235　切削层参数设置　　　　　　　　　　图 3-236　KC3 刀具轨迹

（4）生成 KC4

1）几何体设置。指定切削区域几何体选择零件模型中的面，如图 3-237 所示。

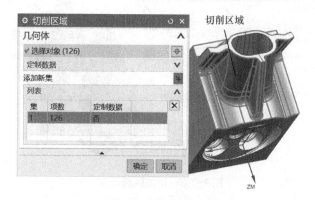

图 3-237　切削区域设置

2）刀轴参数设置。"轴"选择"指定矢量"，如图 3-238 所示。

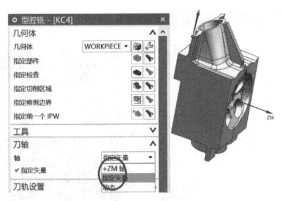

图 3-238　刀轴参数设置

3）刀轨设置。单击切削层按钮，进入"切削层"对话框，参数设置如图 3-239 所示。其余参数设置同 KC1。

4）其他标签设置同 KC1，生成 KC4 刀具轨迹，如图 3-240 所示。

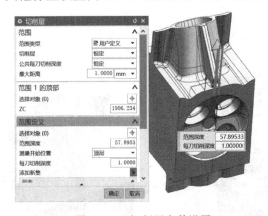

图 3-239　切削层参数设置

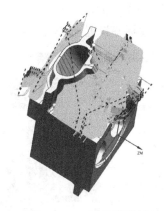

图 3-240　KC4 刀具轨迹

（5）生成 KC5

1）几何体设置。指定切削区域几何体选择零件模型中的"体 4""体 10"面，如图 3-241 所示。

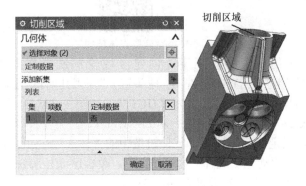

图 3-241　切削区域设置

2）刀轴参数设置。"轴"选择"指定矢量",如图 3-242 所示。

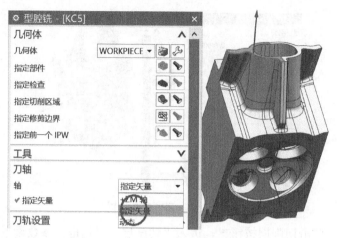

图 3-242 刀轴参数设置

3）刀轨设置。单击切削层按钮 ，进入"切削层"对话框,参数设置如图 3-243 所示。其余参数设置同 KC1。

4）其他标签设置同 KC1,生成 KC5 刀具轨迹,如图 3-244 所示。

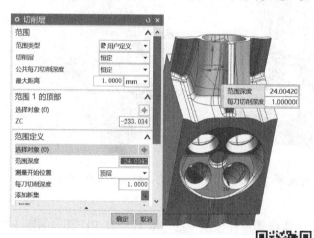

图 3-243 切削层参数设置

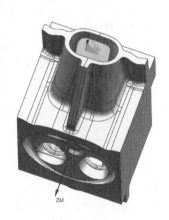

图 3-244 KC5 刀具轨迹

航空液压壳体精加工

6. 外形精加工

（1）生成 JJG1

1）创建工序。在程序顺序视图下,创建区域轮廓铣操作,"程序"选择"NC_PROGRAM","刀具"选择"D2R1（铣刀 - 球头铣）","几何体"选择"WORKPIECE","方法"选择"METHOD","名称"为"JJG1",如图 3-245 所示。单击"确定",进入"区域轮廓铣 -[JJG1]"对话框,如图 3-246 所示。

2）几何体设置。指定切削区域选择零件模型中的"体 3",如图 3-247 所示。

3）设置驱动方法。驱动方法选择"区域铣削",单击区域轮廓铣驱动方法按钮 ,进入"区域铣削驱动方法"对话框,参数设置如图 3-248 所示。

4）刀轴参数设置。"轴"选择"+ZM 轴"。

图 3-245　创建工序

图 3-246　"区域轮廓铣 -[JJG1]"对话框

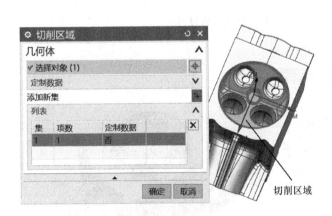

图 3-247　切削区域设置

图 3-248　"区域铣削驱动方法"对话框

5）刀轨设置。单击切削参数按钮，进入"切削参数"对话框，参数设置如图 3-249 所示。单击非切削移动按钮，进入"非切削移动"对话框，设置相关参数，如图 3-250 所示。单击进给率和速度按钮，进入"进给率和速度"对话框，设置参数，如图 3-251 所示。

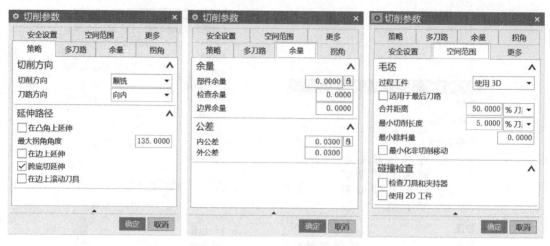

图 3-249　切削参数设置

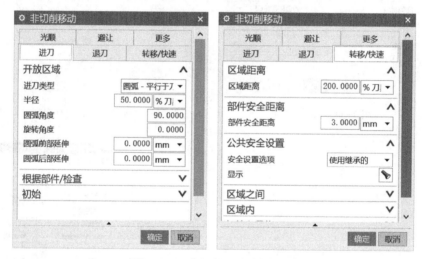

图 3-250　非切削移动参数设置

6）生成 JJG1 刀具轨迹，如图 3-252 所示。

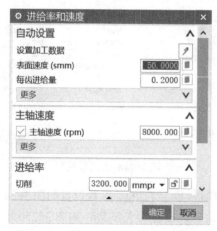

图 3-251　进给率和速度参数设置

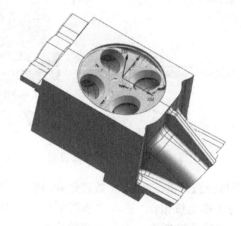

图 3-252　JJG1 刀具轨迹

（2）生成 JJG2

1）创建工序。在程序顺序视图下，创建深度轮廓铣操作，"程序"选择"NC_ PROGRAM"，"刀具"选择"D6R3（铣刀 - 球头铣）"，"几何体"选择"WORKPIECE"，"方法"选择"METHOD"，"名称"设为"JJG2"，如图 3-253 所示。单击"确定"，进入"深度轮廓铣 -[JJG2]"对话框，如图 3-254 所示。

图 3-253　创建工序　　　　　　　图 3-254　"深度轮廓铣 -[JJG2]"对话框

2）几何体设置。指定切削区域选择零件模型中的"体 0"面，如图 3-255 所示。

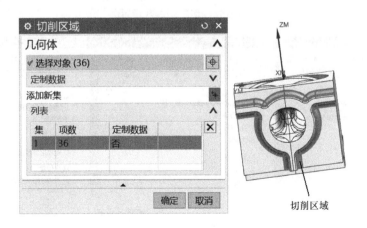

图 3-255　切削区域设置

3）刀轴参数设置。"轴"选择"指定矢量"，如图 3-256 所示。

4）刀轨设置。基础设置如图 3-257 所示。单击切削层按钮，进入"切削层"对话框，参数设置如图 3-258 所示。单击切削参数按钮，进入"切削参数"对话框，参数设置如图 3-259 所示。单击非切削移动按钮，进入"非切削移动"对话框，设置相关参数，如图 3-260 所示。单击进给率和速度按钮，进入"进给率和速度"对话框，设置参数，如图 3-261 所示。

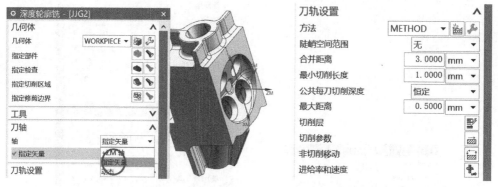

图 3-256　刀轴参数设置　　　　　　　图 3-257　刀轴参数设置

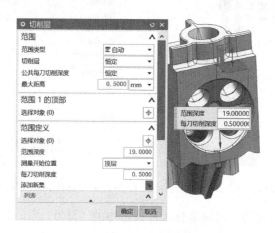

图 3-258　切削层参数设置

图 3-259　切削参数设置

图 3-260　非切削移动参数设置

5）生成 JJG2 刀具轨迹，如图 3-262 所示。

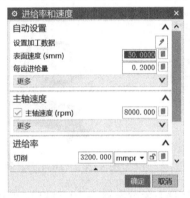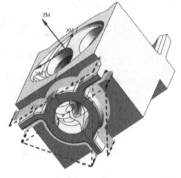

图 3-261　进给率和速度参数设置　　　　图 3-262　JJG2 刀具轨迹

（3）生成 JJG3

1）几何体设置。指定切削区域选择零件模型中的"体 0"面，如图 3-263 所示。

2）刀轴参数设置。"轴"选择"指定矢量"，如图 3-264 所示。

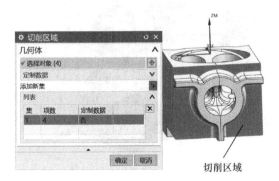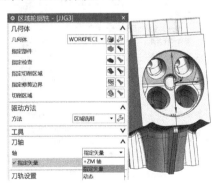

图 3-263　切削区域设置　　　　　　图 3-264　刀轴参数设置

3）其他设置同 JJG1，刀具更换为 D2R1，生成 JJG3 刀具轨迹，如图 3-265 所示。

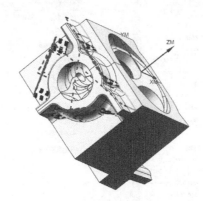

图 3-265　JJG3 刀具轨迹

（4）生成 JJG4

1）几何体设置。指定切削区域选择零件模型中的"体 0"面，如图 3-266 所示。

2）其他设置同 JJG1，生成 JJG4 刀具轨迹，如图 3-267 所示。

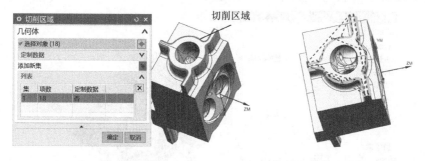

图 3-266　切削区域设置　　　　图 3-267　JJG4 刀具轨迹

（5）生成 JJG5　基本设置同 KC4，区别在于加工余量设置为"0.0000"，如图 3-268 所示，刀具更换为 D6R3，JJG5 刀具轨迹如图 3-269 所示。

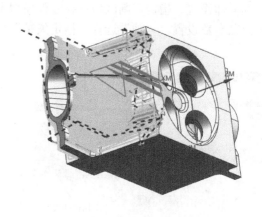

图 3-268　切削区域设置　　　　图 3-269　JJG5 刀具轨迹

（6）生成 JJG6　基本设置同 JJG5，区别在于切削层设置，如图 3-270 所示，刀具更换为 D2R1，JJG6 刀具轨迹如图 3-271 所示。

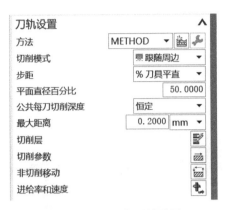

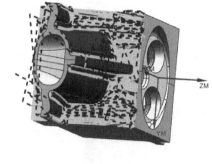

图 3-270　切削区域设置　　　　　　　　　图 3-271　JJG6 刀具轨迹

7. 管道预孔

（1）生成 XK

1）创建工序。在程序顺序视图下，创建孔铣操作，"程序"选择"NC_PROGRAM"，"刀具"选择"D12（铣刀 -5 参数）"，"几何体"选择"WORKPIECE"，"方法"选择"METHOD"，"名称"设为"XK"，如图 3-272 所示。单击"确定"，进入"孔铣 -[XK]"对话框，如图 3-273 所示。

管道加工

图 3-272　创建工序　　　　　　　　図 3-273　"孔铣 -[XK]"对话框

2）几何体设置。单击指定特征几何体按钮，进入"特征几何体"对话框，如图 3-274 所示。加工区域选择 FACES_CYLINDER_1，如图 3-275 所示。

图 3-274　特征几何体设置

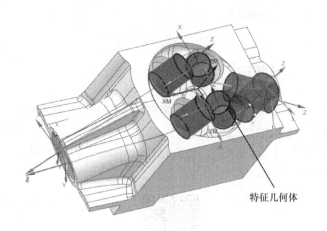

图 3-275　选取特征几何体

3）刀轨设置。基础设置如图 3-276 所示。单击切削参数按钮，进入"切削参数"对话框，参数设置如图 3-277 所示。单击非切削移动按钮，进入"非切削移动"对话框，设置相关参数，如图 3-278 所示。单击进给率和速度按钮，进入"进给率和速度"对话框，设置参数，如图 3-279 所示。

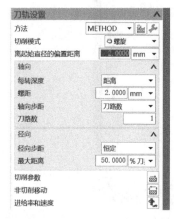

图 3-276　刀轨基础设置

图 3-277　切削参数设置

图 3-278　非切削移动参数设置

4）生成 XK 刀具轨迹，如图 3-280 所示。

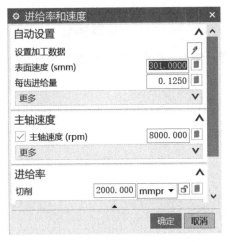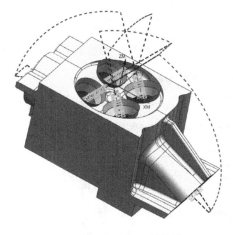

图 3-279　进给率和速度参数设置　　　　图 3-280　XK 刀具轨迹

（2）生成 ZK

1）创建工序。在程序顺序视图下，创建钻孔操作，"程序"选择"NC_PROGRAM"，"刀具"选择"D16ZT（钻刀）"，"几何体"选择"WORKPIECE"，"方法"选择"METHOD"，"名称"设为"ZK"，如图 3-281 所示。单击"确定"，进入"钻孔 -[ZK]"对话框，如图 3-282 所示。

2）几何体设置。单击指定特征几何体按钮，进入"特征几何体"对话框，如图 3-283 所示。加工区域选择 FACES_CYLINDER_2，如图 3-284 所示。

3）刀轨设置。基础设置如图 3-285 所示。单击切削参数按钮，进入"切削参数"对话框，参数设置如图 3-286 所示。单击非切削移动按钮，进入"非切削移动"对话框，设置相关参数，如图 3-287 所示。单击进给率和速度按钮，进入"进给率和速度"对话框，设置参数，如图 3-288 所示。

4）生成 ZK 刀具轨迹，如图 3-289 所示。

图 3-281　创建工序

图 3-282　"钻孔 -[ZK]"对话框

图 3-283　特征几何体设置

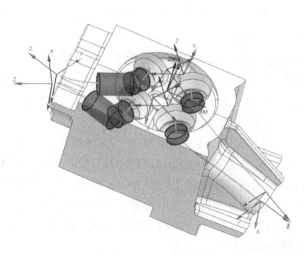

图 3-284　选取特征几何体

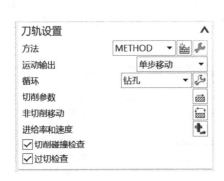

图 3-285　刀轨基础设置

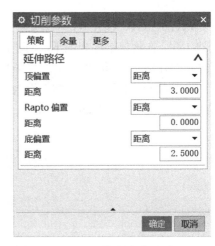

图 3-286　切削参数设置

图 3-287　非切削移动参数设置

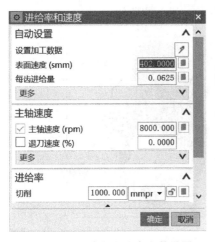

图 3-288　进给率和速度参数设置

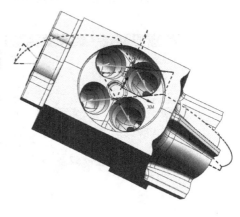

图 3-289　ZK 刀具轨迹

8. 管道粗加工

（1）生成 GDCJG1、GDCJG2

1）创建工序。在程序顺序视图下，创建管粗加工操作，"程序"选择"NC_PROGRAM"，"刀具"选择"D12-D8（球面铣刀）"（棒棒糖球刀），"几何体"选择"WORKPIECE"，"方法"选择"METHOD"，"名称"设为"GDCJG1"，如图 3-290 所示。单击"确定"，进入管粗加工对话框，如图 3-291 所示。

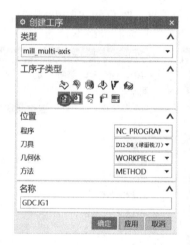

图 3-290　创建工序　　　　图 3-291　管粗加工对话框

2）几何体设置。指定切削区域选择零件模型中的"体 16""体 22""体 20""体 26""体 21""体 27""体 17""体 18"，如图 3-292 所示。在主菜单下依次单击"视图""显示和隐藏"，取消曲线隐藏，指定中心曲线选取图 3-293 中的曲线。

图 3-292　切削区域设置

3）刀轴参数设置。参数设置如图 3-294 所示。

图 3-293　指定中心曲线　　　　　图 3-294　刀轴参数设置

4）设置驱动方法。具体设置如图 3-295 所示。

图 3-295　管粗加工设置

5）刀轨设置。单击切削参数按钮，进入"切削参数"对话框，参数设置如图 3-296 所示。单击非切削移动按钮，进入"非切削移动"对话框，设置相关参数，如图 3-297 所示。单击进给率和速度按钮，进入"进给率和速度"对话框，设置参数，如图 3-298 所示。

图 3-296　切削参数设置

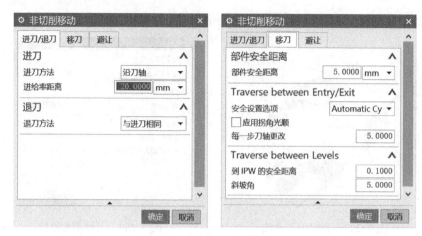

图 3-297　非切削移动参数设置

6）生成 GDCJG1 刀具轨迹，如图 3-299 所示。

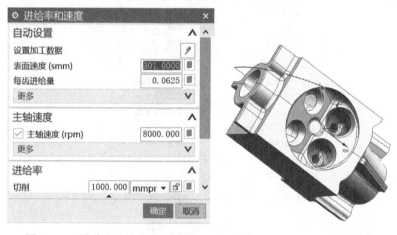

图 3-298　进给率和速度参数设置　　　图 3-299　GDCJG1 刀具轨迹

7）复制刀轨。选中程序视图中的 GDCJG1 刀轨，右击，依次选择"对象""镜像…"（图 3-300），进入"镜像"对话框，设置相关参数，单击"确定"按钮，结果如图 3-301 所示。

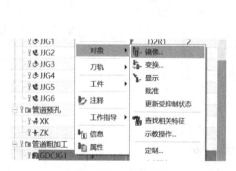

图 3-300　变换功能　　　　　　　　图 3-301　GDCJG2 刀具轨迹

（2）生成 GDCJG3、GDCJG4

1）几何体设置。指定切削区域选择零件模型中的"体 10""体 4""体 14""体 8""体 15""体 9""体 11""体 12"，如图 3-302 所示。在主菜单下依次单击"视图""显示和隐藏"，取消曲线隐藏，指定中心曲线选取图 3-303 中的曲线。

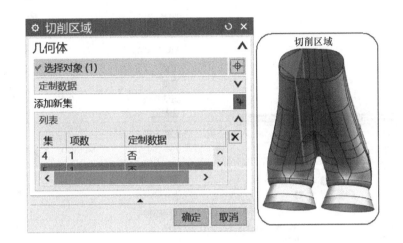

图 3-302　切削区域设置

2）其他标签设置同 GDCJG1，GDCJG3、GDCJG4 刀具轨迹如图 3-304 所示。

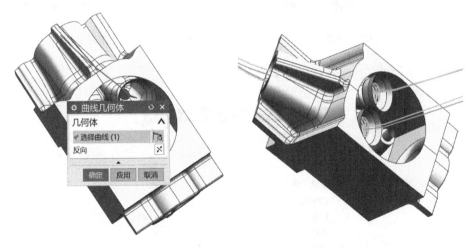

图 3-303　选取中心曲线　　　　　图 3-304　GDCJG3、GDCJG4 刀具轨迹

9. 管道精加工

（1）生成 GDJJG1、GDJJG2

1）创建工序。在程序顺序视图下，创建管精加工操作，"程序"选择"NC_PROGRAM"，"刀具"选择"D12-D8（球面铣）"，"几何体"选择"WORKPIECE"，"方法"选择"METHOD"，"名称"设为"GDJJG1"，如图 3-305 所示。单击"确定"，进入管精加工对话框，如图 3-306 所示。

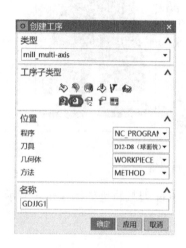

图 3-305 创建工序

图 3-306 管精加工对话框

2）设置驱动方法。具体设置如图 3-307 所示。

图 3-307 设置驱动方法

3）刀轨设置。单击切削参数按钮，进入"切削参数"对话框，参数设置如图 3-308 所示。单击非切削移动按钮，进入"非切削移动"对话框，设置相关参数，如图 3-309 所示。进给率和速度参数设置同前，如图 3-310 所示。

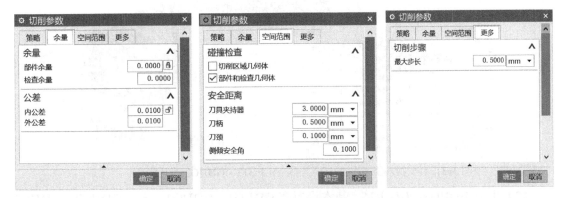

图 3-308　切削参数设置

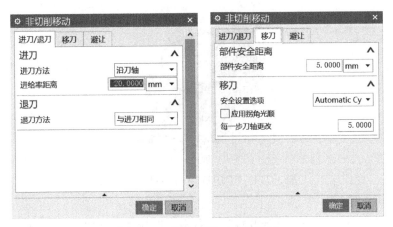

图 3-309　非切削移动参数设置

4）其他标签设置同 GDCJG1，生成 GDJJG1 刀具轨迹，如图 3-311 所示。

图 3-310　进给率和速度参数设置

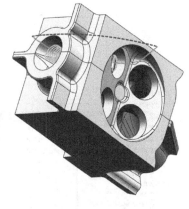

图 3-311　GDJJG1 刀具轨迹

5）复制刀轨。选中程序视图中的 GDJJG1 刀轨，右击，依次选择"对象""镜像 ..."（图 3-312），进入"镜像"对话框，设置相关参数，单击"确定"按钮，结果如图 3-313 所示。

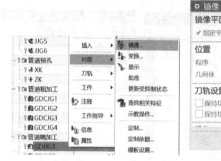

图 3-312　变换功能　　　　　　　图 3-313　GDJJG2 刀具轨迹

（2）生成 GDJJG3、GDJJG4　基本设置和 GDJJG1、GDJJG2 一样，GDJJG3、GDJJG4 刀具轨迹如图 3-314 所示。

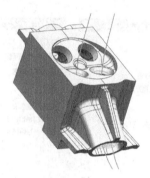

图 3-314　GDJJG3、GDJJG4 刀具轨迹

10. 生成数控程序

1）在程序视图下，选中"外形开粗"并右击，选择"后处理"（图 3-315），进入"后处理"对话框，选择相应后处理文件，设置相关内容，如图 3-316 所示。单击"确定"按钮，得到外形开粗程序 WXKC，如图 3-317 所示。

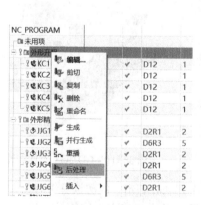

图 3-315　后处理　　　　　　　图 3-316　后处理设置

图 3-317　外形开粗程序

2）同理生成外形精加工至管道精加工程序 WXJJG、GDYK、GDCJG、GDJJG。

3.3.4　仿真加工

1）进入 VERICUT 界面。启动 VERICUT 软件，在主菜单中依次选择"文件""新项目"，进入"新的 VERICUT 项目"对话框，选择米制单位毫米，设置文件名为航空液压壳体加工 .vcproject，如图 3-318 所示。单击"确定"按钮，进入仿真设置对话框，如图 3-319 所示。

图 3-318　建立新项目

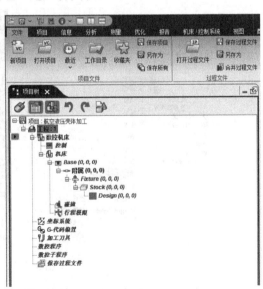

图 3-319　仿真设置对话框

2）设置工作目录。在主菜单中依次选择"文件""工作目录"，在工作目录对话框中将路径设置为 X:\UG 多轴编程与 VERICUT 仿真加工应用实例参考资料\五轴加工案例资料\航空液压壳体加工案例资料\训练素材,以便后续操作。

3)安装机床控制系统文件。在仿真设置对话框左侧项目树中双击节点 **控制**,在对话框中打开 X:\UG 多轴编程与 VERICUT 仿真加工应用实例参考资料\五轴加工案例资料\航空液压壳体加工案例资料\训练素材\HPM600U_Hei530.ctl,如图 3-320 所示。

4)安装机床模型文件。在仿真设置对话框左侧项目树中双击节点 **机床**,打开 X:\UG 多轴编程与 VERICUT 仿真加工应用实例参考资料\五轴加工案例资料\航空液压壳体加工案例资料\训练素材\HPM600U.xmch,结果如图 3-321 所示。

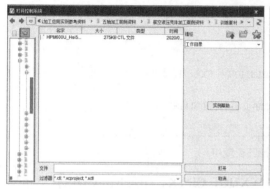

图 3-320 安装机床控制系统

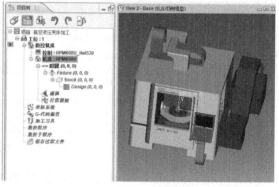

图 3-321 安装机床模型

5)安装毛坯。在仿真设置对话框左侧项目树中选中节点 **Stock (0, 0, 0)**,右击,依次选择"添加模型""模型文件",打开 X:\UG 多轴编程与 VERICUT 仿真加工应用实例参考资料\五轴加工案例资料\航空液压壳体加工案例资料\训练素材\毛坯,结果如图 3-322 所示。

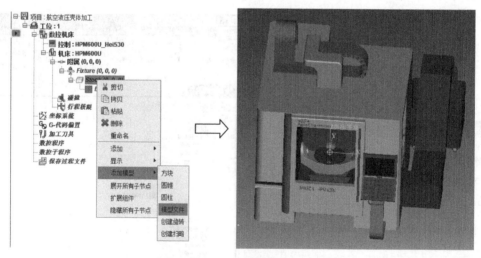

图 3-322 安装毛坯

6)安装零件。在仿真设置对话框左侧项目树中选中节点 **Design (0, 0, 0)**,右击,依次选择"添加模型""模型文件",打开 X:\UG 多轴编程与 VERICUT 仿真加工应用实例参考资料\五轴加工案例资料\航空液压壳体加工案例资料\训练素材\零件,结果如图 3-323 所示。

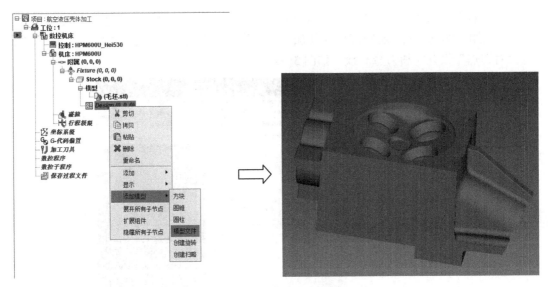

图 3-323　安装设计零件

7）设置对刀参数。根据后处理程序得知，本项目定义 G54 工作偏置，位置在毛坯底面几何中心。

在仿真设置对话框左侧项目树中选中节点 坐标系统，在"配置坐标系统"栏中，单击 添加新的坐标系 按钮，在 坐标系统 下方出现 Csys1，修改名称为"MCS"，并将位置向 Z 向偏移 232mm。在仿真设置对话框左侧项目树中选中节点 G-代码偏置，在"G- 代码偏置"栏中，设定"偏置"为"程序零点"，单击 添加 按钮。注意在节点 G-代码偏置 下面出现了节点 1:程序零点 - 1 - T001 到 MCS，单击，在下面"配置 程序零点"栏中设置相关参数。在"机床 / 切削模型"视图中右击，依次选择"显示所有轴""加工坐标原点"，再在仿真设置对话框右下方单击"重置模型"按钮，图形上显示了"对刀点"坐标系，结果如图 3-324 所示。

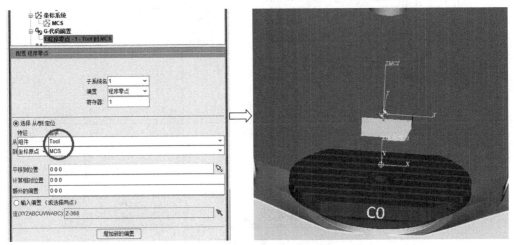

图 3-324　定义 G54 工作偏置

8）安装刀库文件及修改刀具补偿数值。在仿真设置对话框左侧项目树中选中节点

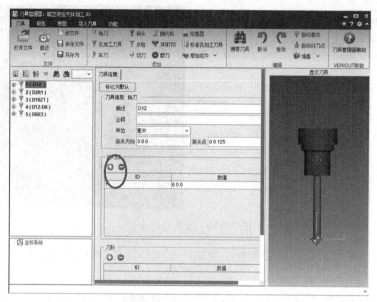 加工刀具，右击，选中"打开"，打开 X:\UG 多轴编程与 VERICUT 仿真加工应用实例参考资料\五轴加工案例资料\航空液压壳体加工案例资料\训练素材\航空液压壳体加工 .tls，注意"对刀点"设置应和刀号一致，如图 3-325 所示。

图 3-325　定义刀具参数

9）输入数控程序。在仿真设置对话框左侧项目树中双击节点 *数控程序*，打开 X:\UG 多轴编程与 VERICUT 仿真加工应用实例参考资料\五轴加工案例资料\航空液压壳体加工案例资料\训练素材\目录下所有加工程序，如图 3-326 所示。

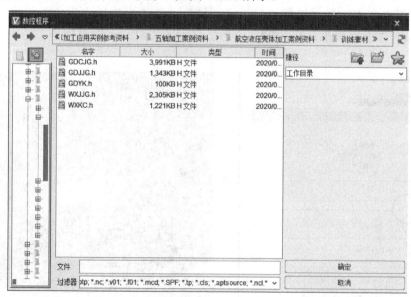

图 3-326　输入数控程序

10）执行仿真。在仿真设置对话框右下方单击"仿真到末端"按钮 ，进行加工仿真，结果如图 3-327 所示。

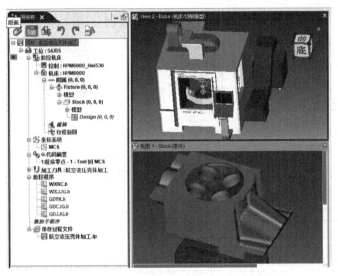

图 3-327　仿真加工

11）仿真结果存盘。

3.3.5　实体加工

1）安装刀具和毛坯。根据机床型号选择 BT40 刀柄，对照工序卡，安装刀具。所有刀具保证伸出长度 50mm。将自定心卡盘安装在加工中心工作台面上，使用百分表校准并固定，将毛坯夹紧。

2）对刀。零件加工原点设置在毛坯右端面中心。使用机械式寻边器，找正毛坯中心，并设置 G54 参数，使用 Z 向对刀仪，分别找正每把刀的 Z 向补偿值，并设置刀具补偿参数。

3）程序传输并加工。使用局域网将后处理得到的加工程序传输到加工中心的数控系统，设置机床为自动加工模式，按循环启动键，机床即开始自动加工零件。

3.3.6　实例小结

通过航空液压壳体的实例编程学习，并根据书中提供的模型文件练习编程、仿真加工，深刻理解五轴加工航空液压壳体类零件的工艺技巧。

1）夹具设计要符合以下要求：零件开敞性好、夹紧变形小、装卸方便、辅助时间短。

2）棒棒糖球刀刀杆细，刀尖 R 相对较大，铣削过程中振动大，走刀路径稍不合理就会导致振刀严重，发生啃刀、断刀等事故。另外，管道需两头加工至中间接刀，且由于棒棒糖球刀易振刀，控制最终精加工表面质量也是难点。

3）为满足壳体的复杂性和精度要求，一次成功地进行零件的数控加工，VERICUT 动态仿真软件是验证数控编程刀具轨迹的重要手段，它不仅具有机床、夹具的运动仿真，而且提供各种加工信息和工艺报表，可以更好地指导生产。

4）航空液压壳体类零件数字化高效加工的成功实践，对今后实现产品的数字化制造积累了宝贵经验，进一步促进了管理的规范化，把技术人员和管理人员从繁杂的工作中解放出来，提高了质量，降低了成本。

3.4 实例4: 航空叶轮的 UG NX 12.0 数控编程与 VERICUT 8.2.1 仿真加工

案例导读   加工准备

3.4.1 实例概况

航空发动机叶片是发动机的核心部件之一。随着发动机性能要求的提高，整体叶轮的形状也更趋复杂，其特点是叶片薄、扭曲大、叶片间隔小。多轴数控铣削加工是最常规的整体叶轮的制造方法，通常需要在五轴联动数控机床上进行。

3.4.2 数控加工工艺分析

1. 零件分析

整体叶轮相邻叶片的空间较小，而且在径向上随着半径的减小通道越来越窄，因此加工叶轮叶片曲面时，除了刀具与被加工叶片之间发生干涉外，刀具极易与相邻叶片发生干涉。

2. 毛坯选用

零件材料为 A2618，毛坯为预加工件，部分零件长度、直径尺寸已经精加工到位，无须再加工。

3. 制订加工工序卡

选用五轴联动数控加工中心（AC 轴），敞开式液压系统专用夹具装夹，遵循先粗后精加工原则：粗加工⇒半精加工⇒精加工。零件加工程序单见表 3-4。

表 3-4 零件加工程序单

加工单位	零件名称	零件图号	批次	页次	共 1 页	程序原点	
数控中心	航空叶轮	3-4			第 1 页		
工序名称	设备	加工数量	计划用时 /h				
铣叶形	DMU65	1					
工位	材料	工装号	实际用时 /h				
MC	A2618						
序号	程序名	加工内容	刀具号	刀具规格	S 转速 / (r/min)	F 进给量 / (mm/min)	
1	YCKC	一次开粗	T01	R2B3	8000	2000	
2	ECKC	二次开粗	T02	R0.9B5	8000	2000	
3	LGJJG	轮毂精加工	T02	R0.9B5	7000	1200	
4	ZYPJJG	主叶片精加工	T02	R0.9B5	5500	1000	
5	FLYPJJG	分流叶片精加工	T02	R0.9B5	5500	1000	
编程:		仿真:		审核:		批准:	

3.4.3　编制加工程序

1. 创建项目

1）打开 X:\UG 多轴编程与 VERICUT 仿真加工应用实例参考资料 \ 五轴加工案例资料 \ 航空叶轮加工案例资料 \ 训练素材 \ 航空叶轮加工案例 .prt。

2）设置加工环境，进入加工模块，如图 3-328 所示。

2. 创建刀具

精铣刀具的选择要根据零件最小 R 角（一般是过渡圆角附件）来确定。在主菜单下依次单击"分析""最小半径"，弹出"最小半径"对话框，选择叶轮整体，如图 3-329 所示，单击"确定"，弹出"信息"对话框，最小半径值结果如图 3-330 所示。在"工序导航器 - 机床"对话框中，创建所有刀具，如图 3-331 所示，具体参数设置如图 3-332 所示。

3. 设置加工坐标系

1）在"工序导航器 - 机床"对话框中，双击加工坐标系节点"MCS"，如图 3-333 所示，进入机床坐标系对话框。

2）指定 MCS。加工坐标系零点设在毛坯上表面中心，调整结果如图 3-334 所示。

3）安全设置。"安全设置选项"选"球"，以航空叶轮底面中心为球心，创建半径为 100.0000 的球面，如图 3-335 所示。

4）细节设置。"用途"选"主要"，设定为主加工坐标系；设"装夹偏置"为"1"，设定工件偏置为 G54。

图 3-328　设置加工环境

图 3-329　选择叶轮整体

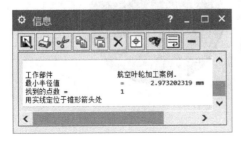

图 3-330　显示最小半径值

图 3-331　创建刀具

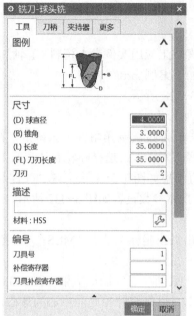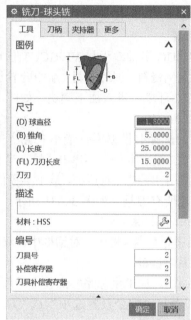

图 3-332 设置刀具参数

图 3-333 几何视图 MCS

图 3-334 MCS 调整结果

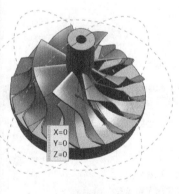

图 3-335 安全设置

4. 设置铣削几何体

在几何视图下，单击创建几何体按钮 _{创建几何体}，弹出"创建几何体"对话框（图 3-336），设置相关内容后单击"确定"按钮，弹出"多叶片几何体"对话框，设置轮毂、包覆、叶片、分流叶片等内容，如图 3-337 所示。

图 3-336　创建几何体设置

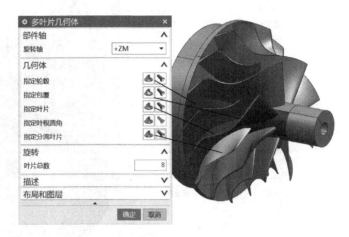

图 3-337　多叶片几何体设置

5. 外形开粗

1）创建工序。在程序顺序视图下，创建多叶片粗铣操作，"程序"选择"NC_PROGRAM"，"刀具"选择"R2B3（铣刀 - 球头铣）"，"几何体"选择"MULTI_BLADE_GEOM"，"方法"选择"METHOD"，"名称"设为"YCKC1"，如图 3-338 所示。单击"确定"，进入"多叶片粗铣 -[YCKC1]"对话框，如图 3-339 所示。

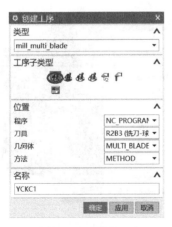

图 3-338　创建工序

图 3-339　"多叶片粗铣 -[YCKC1]"对话框

2）设置驱动方法。单击叶片粗加工编辑按钮🔲，进入"叶片粗加工驱动方法"对话框，设置相关参数，如图 3-340 所示。

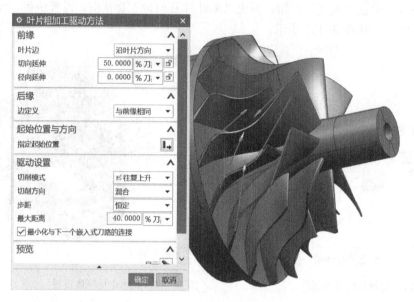

图 3-340　叶片粗加工驱动设置

3）刀轴参数设置。"轴"选择"自动"。单击刀轴编辑按钮🔲，进入"自动"对话框，设置相关参数，如图 3-341 所示。

4）刀轨设置。单击切削层按钮🔳，进入"切削层"对话框，参数设置如图 3-342 所示。单击切削参数按钮🔳，进入"切削参数"对话框，参数设置如图 3-343 所示。单击非切削移动按钮🔳，进入"非切削移动"对话框，设置相关参数，如图 3-344 所示。单击进给率和速度按钮🔳，进入"进给率和速度"对话框，设置参数，如图 3-345 所示。

图 3-341　刀轴参数设置

图 3-342　切削层参数设置

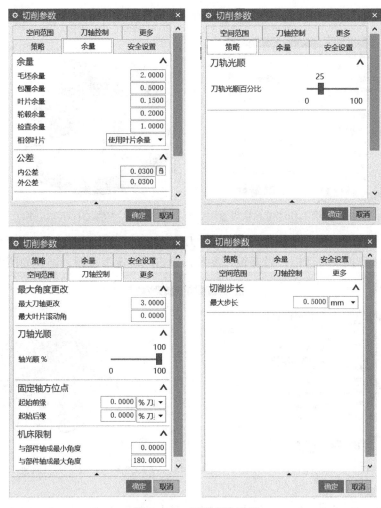

图 3-343　切削参数设置

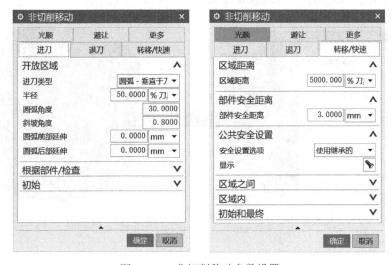

图 3-344　非切削移动参数设置

5）生成 YCKC1 刀具轨迹，如图 3-346 所示。

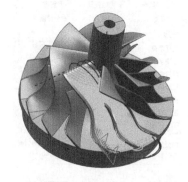

图 3-345　进给率和速度参数设置　　图 3-346　YCKC1 刀具轨迹

6）复制刀轨。选中程序视图中的 YCKC1 刀轨，右击，依次选择"对象""变换…"（图 3-347），进入"变换"对话框，设置相关参数，单击"确定"按钮，结果如图 3-348 所示。

图 3-347　变换功能　　　　　图 3-348　YCKC2 ～ YCKC8 刀具轨迹

6. 二次开粗

基本设置同一次开粗一致，区别在于刀轨设置中的切削层参数设置，如图 3-349 所示，刀具更换为 R0.9B5，ECKC1 ～ ECKC8 刀具轨迹如图 3-350 所示。

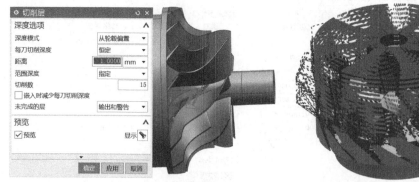

图 3-349　切削层参数设置　　　图 3-350　ECKC1 ～ ECKC8 刀具轨迹

7. 轮毂精加工

1）创建工序。在程序顺序视图下，创建轮毂精加工操作，"程序"选择"NC_PROGRAM"，

"刀具"选择"R0.9B5（铣刀 - 球头铣）"，"几何体"选择"MULTI_BLADE_GEOM"，"方法"选择"METHOD"，"名称"设为"LGJJG1"，如图 3-351 所示。单击"确定"，进入"轮毂精加工 -[LGJJG1]"对话框，如图 3-352 所示。

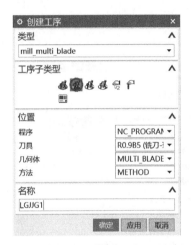

图 3-351　创建工序

图 3-352　"轮毂精加工 -[LGJJG1]"对话框

2）设置驱动方法。单击轮毂精加工编辑按钮，进入"轮毂精加工驱动方法"对话框，设置相关参数，如图 3-353 所示。

3）刀轴参数设置。"轴"选择"自动"。单击刀轴编辑按钮，进入"自动"对话框，设置相关参数，如图 3-354 所示。

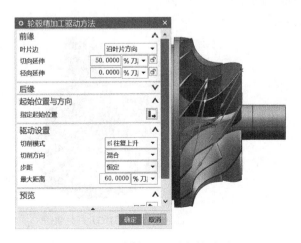

图 3-353　轮毂精加工驱动参数设置

图 3-354　刀轴参数设置

4）刀轨设置。单击切削参数按钮⬛，进入"切削参数"对话框，参数设置如图3-355所示。单击非切削移动按钮⬛，进入"非切削移动"对话框，设置相关参数，如图3-356所示。单击进给率和速度按钮⬛，进入"进给率和速度"对话框，设置参数，如图3-357所示。

5）生成LGJJG1刀具轨迹，如图3-358所示。

图 3-355　切削参数设置

图 3-356　非切削移动参数设置

图 3-357　进给率和速度参数设置

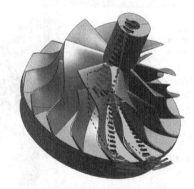

图 3-358　LGJJG1 刀具轨迹

6）复制刀轨。选中程序视图中的LGJJG1刀轨，右击，依次选择"对象""变换…"（图

3-359），进入"变换"对话框，设置相关参数，单击"确定"按钮，结果如图 3-360 所示。

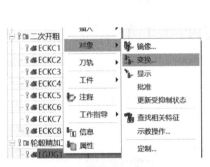
图 3-359　变换功能

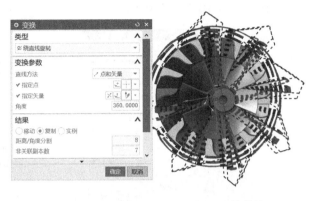
图 3-360　LGJJG2 ～ LGJJG8 刀具轨迹

8. 主叶片精加工

1）创建工序。在程序顺序视图下，创建叶片精铣操作，"程序"选择"NC_PROGRAM"，"刀具"选择"R0.9B5（铣刀 - 球头铣）"，"几何体"选择"MULTI_BLADE_GEOM"，"方法"选择"METHOD"，"名称"设为"ZYPJJG1"，如图 3-361 所示。单击"确定"，进入"叶片精铣 -[ZYPJJG1]"对话框，如图 3-362 所示。

轮毂面、主叶片精加工

图 3-362　"叶片精铣 -[ZYPJJG1]"对话框

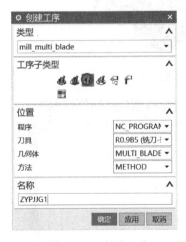
图 3-361　创建工序

2）设置驱动方法。单击叶片精铣编辑按钮，进入"叶片精加工驱动方法"对话框，设置相关参数，如图 3-363 所示。

3）刀轴参数设置。"轴"选择"自动"。单击刀轴编辑按钮，进入"自动"对话框，设置相关参数，如图 3-364 所示。

图 3-363　叶片精加工驱动参数设置　　　图 3-364　刀轴参数设置

4）刀轨设置。单击切削层按钮，进入"切削层"对话框，参数设置如图 3-365 所示。单击切削参数按钮，进入"切削参数"对话框，参数设置如图 3-366 所示。单击非切削移动按钮，进入"非切削移动"对话框，设置相关参数，如图 3-367 所示。单击进给率和速度按钮，进入"进给率和速度"对话框，设置参数，如图 3-368 所示。

5）生成 ZYPJJG1 刀具轨迹，如图 3-369 所示。

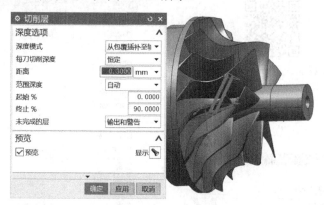

图 3-365　切削层参数设置

图 3-366　切削参数设置

图 3-367 非切削移动参数设置

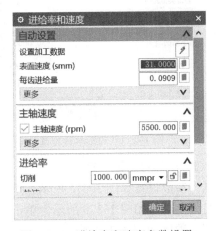

图 3-368 进给率和速度参数设置

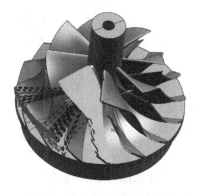

图 3-369 ZYPJJG1 刀具轨迹

6）复制刀轨。选中程序视图中的 ZYPJJG1 刀轨，右击，依次选择"对象""变换 …"（图 3-370），进入"变换"对话框，设置相关参数，单击"确定"按钮，结果如图 3-371 所示。

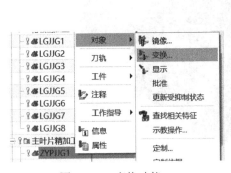

图 3-370 变换功能

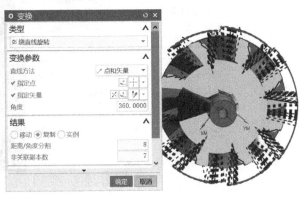

图 3-371 ZYPJJG2 ～ ZYPJJG8 刀具轨迹

9. 分流叶片精加工

（1）生成 FLYPJJG1 ～ FLYPJJG8

分流叶片精加工

1）设置驱动方法。单击叶片精铣编辑按钮，进入"叶片精加工驱动方法"对话框，设置相关参数，如图 3-372 所示。

2）刀轴参数设置。"轴"选择"自动"。单击刀轴编辑按钮，进入"自动"对话框，设置相关参数，如图 3-373 所示。

图 3-372　叶片精加工驱动参数设置

图 3-373　刀轴参数设置

3）刀轨设置。单击切削层按钮，进入"切削层"对话框，参数设置如图 3-374 所示。单击切削参数按钮，进入"切削参数"对话框，参数设置如图 3-375 所示。单击非切削移动按钮，进入"非切削移动"对话框，设置相关参数，如图 3-376 所示。单击进给率和速度按钮，进入"进给率和速度"对话框，设置参数，如图 3-377 所示。

4）生成 FLYPJJG1 刀具轨迹，如图 3-378 所示。

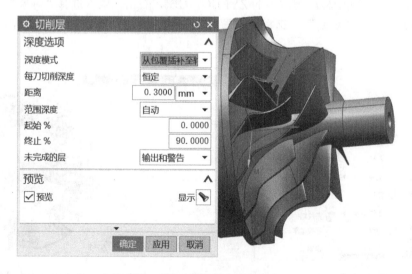

图 3-374　切削层参数设置

图 3-375　切削参数设置

图 3-376　非切削移动参数设置

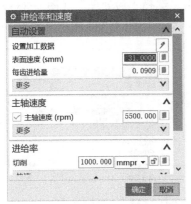

图 3-377　进给率和速度参数设置　　　图 3-378　FLYPJJG1 刀具轨迹

　　5）复制刀轨。选中程序视图中的 FLYPJJG1 刀轨，右击，依次选择"对象""变换…"（图 3-379），进入"变换"对话框，设置相关参数，单击"确定"按钮，结果如图 3-380 所示。

　　（2）生成 FLYPJJG9 ～ FLYPJJG16　基本设置同上，区别在于在叶片精加工驱动设置中将"要切削的面"设为"右侧"，如图 3-381 所示，FLYPJJG9 ～ FLYPJJG16 刀具轨迹如图 3-382 所示。

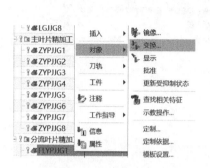

图 3-379　变换功能

图 3-380　FLYPJJG2～FLYPJJG8 刀具轨迹

图 3-381　叶片精加工驱动参数设置

图 3-382　FLYPJJG9～FLYPJJG16 刀具轨迹

10.　生成数控程序

1）在程序视图下，选中"一次开粗"并右击，选择"后处理"（图 3-383），进入"后处理"对话框，选择相应后处理文件，设置相关内容，如图 3-384 所示。单击"确定"按钮，得到外形开粗程序 YCKC，如图 3-385 所示。

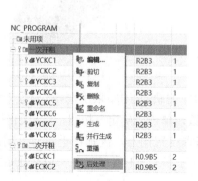

图 3-383　后处理

图 3-384　后处理设置

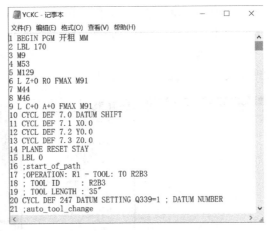

图 3-385　外形开粗程序

2）同理生成二次开粗至分流叶片精加工程序 ECKC、LGJJG、ZYPJJG、FLYPJJG。

3.4.4　仿真加工

1）进入 VERICUT 界面。启动 VERICUT 软件，在主菜单中依次选择"文件""新项目"，进入"新的 VERICUT 项目"对话框，选择米制单位毫米，设置文件名为航空叶轮加工 .vcproject，如图 3-386 所示。单击"确定"按钮，进入仿真设置对话框，如图 3-387 所示。

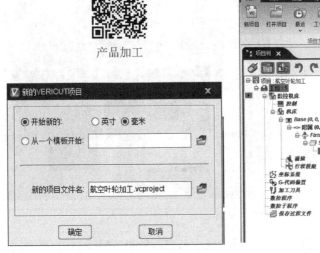

图 3-386　建立新项目

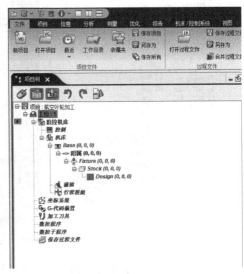

图 3-387　仿真设置对话框

2）设置工作目录。在主菜单中依次选择"文件""工作目录"，在工作目录对话框中将路径设置为 X:\UG 多轴编程与 VERICUT 仿真加工应用实例参考资料 \ 五轴加工案例资料 \ 航空叶轮加工案例资料 \ 训练素材，以便后续操作。

3）安装机床控制系统文件。在仿真设置对话框左侧项目树中双击节点▦ *控制*，在对话框中打开 X:\UG 多轴编程与 VERICUT 仿真加工应用实例参考资料 \ 五轴加工案例资料 \ 航空

叶轮加工案例资料 \ 训练素材 \ HPM600U_Hei530.ctl，如图 3-388 所示。

4）安装机床模型文件。在仿真设置对话框左侧项目树中双击节点 **机床**，打开 X:\UG 多轴编程与 VERICUT 仿真加工应用实例参考资料 \ 五轴加工案例资料 \ 航空叶轮加工案例资料 \ 训练素材 \HPM600U.xmch，结果如图 3-389 所示。

图 3-388　安装机床控制系统

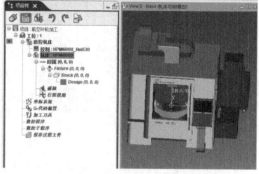

图 3-389　安装机床模型

5）安装毛坯。在仿真设置对话框左侧项目树中选中节点 **Stock (0, 0, 0)**，右击，依次选择"添加模型""模型文件"，打开 X:\UG 多轴编程与 VERICUT 仿真加工应用实例参考资料 \ 五轴加工案例资料 \ 航空叶轮加工案例资料 \ 训练素材 \ 毛坯，结果如图 3-390 所示。

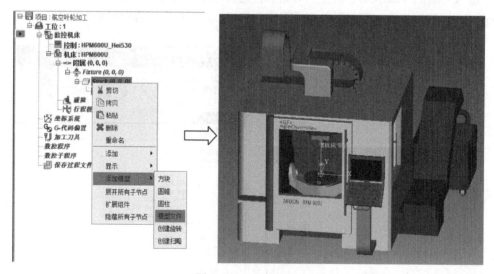

图 3-390　安装毛坯

6）安装零件。在仿真设置对话框左侧项目树中选中节点 **Design (0, 0, 0)**，右击，依次选择"添加模型""模型文件"，打开 X:\UG 多轴编程与 VERICUT 仿真加工应用实例参考资料 \ 五轴加工案例资料 \ 航空叶轮加工案例资料 \ 训练素材 \ 零件，结果如图 3-391 所示。

7）设置对刀参数。根据后处理程序得知，本项目定义 G54 工作偏置，位置在毛坯底面几何中心。

在仿真设置对话框左侧项目树中选中节点 **坐标系统**，在"配置坐标系统"栏中，单击 添加新的坐标系 按钮，在 **坐标系统** 下方出现 **Csys 1**，修改名称为"MCS"，并将位置向 Z 向偏移 232mm。在仿真设置对话框左侧项目树中选中节点 **G-代码偏置**，在"G- 代码偏置"栏中，设定"偏置"为"程序零点"，单击 **添加** 按钮。注意在节点 **G-代码偏置** 下面出现了节点 **1:程序零点 - 1 - Tool 到 MCS**，单击，在下面"配置 程序零点"栏中设置相关参数。在"机床 / 切削模型"视图中右击，依次选择"显示所有轴""加工坐标原点"，再在仿真设置对话框右下方单击"重置模型"按钮，图形上显示了"对刀点"坐标系，结果如图 3-392 所示。

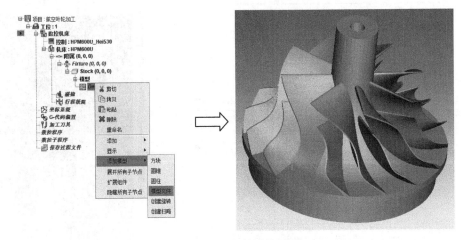

图 3-391　安装设计零件

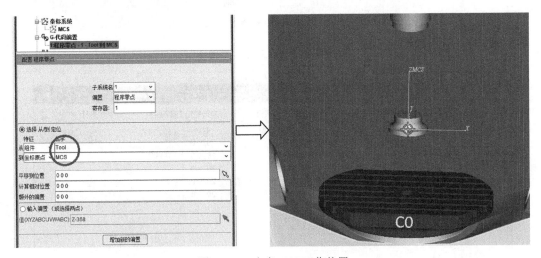

图 3-392　定义 G54 工作偏置

8）安装刀库文件及修改刀具补偿数值。在仿真设置对话框左侧项目树中选中节点 **加工刀具**，右击，选中"打开"，打开 X:\UG 多轴编程与 VERICUT 仿真加工应用实例参考资料\五轴加工案例资料\航空叶轮加工案例资料\训练素材\航空叶轮加工 .tls，注意"对刀点"设置应和刀号一致，如图 3-393 所示。

9）输入数控程序。在仿真设置对话框左侧项目树中双击节点 **数控程序**，打开 X:\UG 多轴编程与 VERICUT 仿真加工应用实例参考资料\五轴加工案例资料\航空叶轮加工案例资料\训练素材\目录下所有加工程序，如图 3-394 所示。

10）执行仿真。在仿真设置对话框右下方单击"仿真到末端"按钮，进行加工仿真，结果如图 3-395 所示。

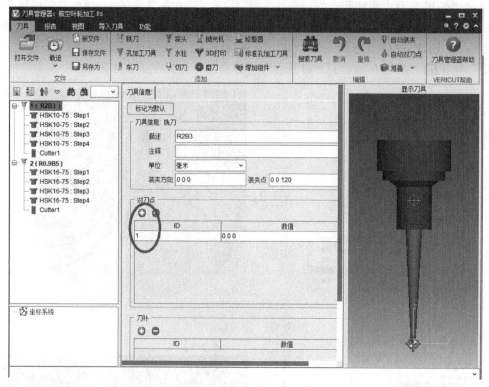

图 3-393　定义刀具参数

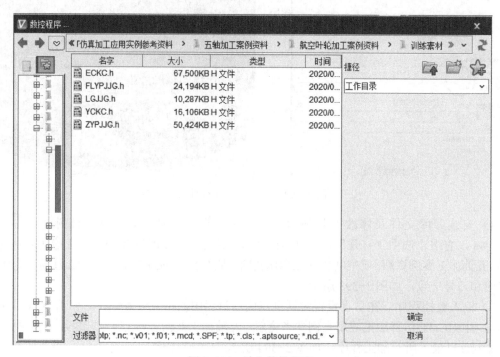

图 3-394　输入数控程序

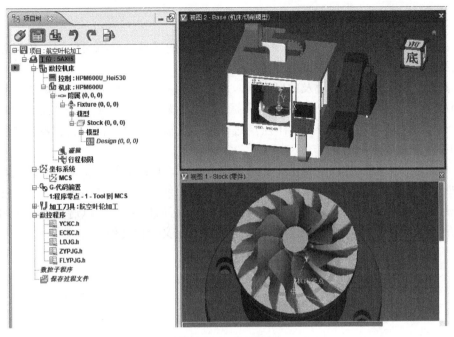

图 3-395　仿真加工

11）仿真结果存盘。

3.4.5　实体加工

1）安装刀具和毛坯。根据机床型号选择 BT40 刀柄，对照工序卡，安装刀具。所有刀具保证伸出长度 50mm。将自定心卡盘安装在加工中心工作台面上，使用百分表校准并固定，将毛坯夹紧。

2）对刀。零件加工原点设置在毛坯右端面中心。使用机械式寻边器，找正毛坯中心，并设置 G54 参数，使用 Z 向对刀仪，分别找正每把刀的 Z 向补偿值，并设置刀具补偿参数。

3）程序传输并加工。使用局域网将后处理得到的加工程序传输到加工中心的数控系统，设置机床为自动加工模式，按循环启动键，机床即开始自动加工零件，结果如图 3-396 所示。

图 3-396　实体加工

3.4.6 实例小结

通过航空叶轮的实例编程学习，并根据书中提供的模型文件练习编程、仿真加工，深刻理解五轴加工航空叶轮类零件的工艺技巧。

1）离心叶轮叶片旋伸长短及薄厚不同，加工难度不同，铝叶轮易黏刀，加工参数比较关键；另外由于铝材质刚性差，精加工时易振刀，控制较好的表面质量是加工难点。

2）流道开粗加工通常需分成若干层渐进开粗，五轴联动可使粗加工的各层厚度比较均匀，加工过程稳定。

3）叶轮加工效率的提高主要是粗加工效率的提高，使用五轴叶轮粗加工模式，可以实现叶轮的五轴粗加工，做到留料均匀，加工轨迹比较平缓，提高加工效率。

4）五轴加工中，刀柄非常关键，尤其是在自由曲面加工时，可以避免不必要的碰撞和过切，所以在编程时需要选择对应的刀柄文件或者自定义刀柄文件。

参 考 文 献

[1] 陈宏钧. 典型零件机械加工生产实例 [M]. 北京：机械工业出版社，2009.

[2] 陆启建，褚辉生. 高速切削与五轴联动加工技术 [M]. 北京：机械工业出版社，2010.

[3] 宋放之. 数控机床多轴加工技术实用教程 [M]. 北京：清华大学出版社，2010.

[4] 寇文化，王苏馨. 工厂数控仿真技术实例特训（Vericut7.3 版）[M]. 北京：清华大学出版社，2016.